JN246306

失敗学 実践編

今までの原因分析と対策は
間違っていた！

濱口哲也・平山貴之 著

日科技連

はじめに

今までの原因分析と対策は間違っていた！
再発防止・未然防止のヒントがここにある！

2009年に『失敗学と創造学－守りから攻めの品質保証へ－』を上梓してから約8年が経った．その間に，企業の研修担当や品質担当から依頼を受けて講演・セミナー活動を行ってきた．特にここ数年間は講演やセミナーを実施した企業から「自社の過去のトラブル事例を題材に失敗学の視点から不具合事象分析の指導をしてほしい」という依頼が増えてきている．平たく言えば，コンサルティングの依頼が増えているのだ．その不具合事象分析を行う中で，「多くの企業において不具合事象分析がしっかりできていない」という実態がわかった．多くの企業でトラブルの原因分析をする際に「なぜなぜ分析」をはじめとした分析手法を活用してはいるのはよいが，結果論からスタートした使い方をしてしまっている．つまり「起こった後だから言える対策」と「それを反転した原因分析」を行っている．

例えば，マニュアルがなかったのが原因である，チェックリストがなかったのが原因である，ルール化していなかったのが原因であるという根本原因と称する文言を並べ，その対策はマニュアルを整備せよ，チェックリストを作成せよ，ルール化せよ，といった具合である．マニュアルを作るという対策が先に頭に浮かび，そのマニュアルがなかったことが原因であると，対策を反転して原因へともってくるパターンがほとんどなのである．これでは完全に結果から原因へのすり替えであり，結果論である．

作業者がある行動をしたとしよう．後にこれが失敗行動であったことが判明するが，そのときはそれが正しいと思っている．その行動をした動機的原因はマニュアルがなかった，チェックリストがなかった，ルール化していなかったことだろうか．当事者は作業を行っているときに「マニュアルがないからこのスイッチを入れよう．チェックリストがないからこの部品を選択しよう．ルール化されていないからこの設計は過去の設計と同じにしよう」と思いながら行動をしたのだろうか．つまり，「マニュアルがないこと」が今回の行動をした動機だったのだろうか？　そんなことはないはずである．

「これこれこうだから こうしよう」と，そのとき正しいと思っている考えに従って行動したはずである．なぜならば，誰でも真面目に一生懸命に仕事をしていて，失敗したくないと考えているからである．それにもかかわらず不具合事象は起こってしまった．つまり，「これこれこうだから こうしよう！」という動機的原因自体が間違っていたのである．

失敗行動をした原因は何かと言えば，それは動機である．つまり「なぜ，当事者がその手段・方法・行動を行うことが正しいと判断したのか」という動機を探り，その動機こそ不具合事象を引き起こしたのであるから，動機に対して対抗策を講じない限り，未然防止はできない．失敗学では，動機的原因と不具合事象の関係を「ワナ」あるいは「失敗のカラクリ」と呼ぶ．「こう考えて，この行動をすると，こんな不具合事象につながる」という，人間が陥りがちな考えと不具合事象の関係である．

業種・分野・技術・職種によって，最終的に起こる不具合事象はさまざまであるが，人間がハマるワナは業種や職種によらず同じで，さらにそのワナはそれほど多くはない．だからこそ，過去に経験したワナや他分野で明らかになったワナから，自分野の未然防止ができるのだ．

再発防止策のみを講じたいのであれば，不具合事象自体への対策，つまり結果論から導かれたマニュアル的対策でもかまわないが，この場合，結果が出ていないと対策は打てないので，すべての失敗をやりつくさない限り失敗は止まらない．業種や職種ごと，事例ごとにマニュアルが必要となり，1万通りのマニュアルにおぼれて仕事をするハメになる．再発防止のみならずまだ見ぬ失敗も止めたい，すなわち未然防止までも図りたいのであれば動機的原因に対して対策を講じる必要がある．そのことを理解していない企業が多い．

近年大企業において，人工知能を用いて未来の失敗を想定しようという動きが活発化している．その想定の元となるデータは自社の過去の失敗データである．当然のことながらその過去の失敗データの分析結果や対策が的外れなものだと，人工知能は間違った想定をし，間違った分析結果や対策を答える．その元となるデータを作るのは，つまり過去の失敗の原因分析は人間にしかできない．人工知能で未来の失敗の想定ができるか否かは筆者にもまだわからない．ただし，人工知能を使おうとするならば，なおさら失敗学の考え方とそれにもとづいた分析を人間が行う必要があるのだ．

「不具合だった」という結果がわかってしまっている事象について，結果論にならないように，過去にその行動をしたときに戻って考えるのは，どうやら難しいらしい．そこで，1つのことを説明するにもいろんな事例やたとえを交えて，いろんな方向から説明した．人によってピンとくる方向が違うからである．最初にお断りしておく．この本はくどい！　手を変え，品を変え，表現を工夫していろんな方向から説明しているからである．そのことはどうかご理解いただきたい．

私は指導企業に対して，どのように指導したら理解してもらえるのか，どのように伝えたらより伝わるのかを常に考えてきた．その結果を本書にまとめた．本書の考えを実践に取り入れてもらえれば「しっかりとした不具合事象分析と，再発防止のみならず未然防止につなげられる，会社がよくなる」そんな想いを込めて筆を執った．少しでも本書を読んだ方々の役に立てば幸いである．

2017 年 12 月 1 日

濱口哲也

目　次 ‖ 失敗学 実践編

－今までの原因分析と対策は間違っていた！－

装丁・本文デザイン＝さおとめの事務所

第１章

重要な基本的考え

不具合事象の分析方法を説明する前に読者のみなさんにもっておいてほしい重要な基本的考えを以下に述べる．

1.1　事件と事故の区別，責任追及と原因究明の分離

日本ではニュースで取り上げられるような大事故が起こると，すぐにマスコミを先頭にして犯人捜し・責任追及が始まり，責任者に厳重な罰が下されるか，責任者が会見で謝罪して辞任すると幕引き，というパターンが定番である．マスコミや日本社会が当然のように思っているこの責任追及と厳重な罰で幕引きといったストーリーは，合っている場合と間違っている場合がある．

人間が悪意をもってわざと行う違法行為，これを事件と呼び，これには責任追及と厳重な罰は将来の抑止力となるから効果がある．例えば，「これをやると懲役三年になりますよ」，というルールや前例があれば，人間はわざとそれをやらなければ済むのである．

それに対し，われわれが産業界で相手にしているのは事故である．誰もわざとやったわけではない．例えば，産業界でよく起こる爆発事故について，爆発事故を起こしたら懲役三年ですよ，というルールや前例があれば産業界から爆発事故が消えるだろうか？事故にとって責任追及や厳重な罰は抑止力とは無関係である．むしろ，「爆発させまい」と真面目に仕事をしていても起こってしまっているのである．どの企業にも，悪意をもってわざと失敗して会社に損害

を与えてやろう，と考えている社員はいない．

つまり，マスコミや日本社会全体が，「事件と事故の区別」「責任追及と原因究明の分離」ができていない．悪意をもってわざとやるのが事件であり責任追及は抑止力になる．悪意はなく不本意に起こってしまったのが事故であり原因究明が抑止力になる．

ただし，事故であっても被害者やそのご親族は，責任追及と厳重な罰を望むのは致し方ない．私は，事故であるのに責任追及をやってそれで幕引き，被害者ではない人までしゃしゃり出てきて，「責任をとれ！責任をとれ！」というバッシング，このようなマスコミや日本社会全体の風潮がおかしい，と言っているのである．

われわれが日々相手にしているような事故であれば，責任追及はいらない．事故においては，責任追及は無力であるどころか最悪である．欧米の事故調査委員会は「なぜ？なぜ？」から入っていって経緯の調査と，その中の事故の原因の特定を行う．日本の多くの事故調査は「誰が悪いの？」から入っていくので，ストーリーがねじ曲がり，一向に原因が究明されない．その結果何回でも同じような事故が起こるのである．

失敗学を実践するときは，最初に会社をあげて「責任追及はしない」と意思統一してほしい．

責任追及をすると会社がどんどんダメになる．失敗が隠れる会社になり，何回でも失敗する会社ができ上がるのだ．

事故の抑止力になるのは，論理的な原因分析と，論理的な対策，未来の失敗を想定するための失敗のカラクリ（後に詳述）とそこから生まれる想定，さらにこれらを未来の後輩たちに伝承することである．

1.2　失敗とは

本書で扱う「失敗」という言葉自体を定義しておく．この定義が最も重要である．分析で迷うことがあったら，いつもこの定義に戻ってきてほしい．

> **失敗とは，**
> **「正しいことをしているつもりだった，にもかかわらず意に反してその行動が望ましくない結果を引き起こした．このときの正しいことをしているつもりだった行動」**
> **これが後に失敗あるいは失敗行動と定義されるのである．**

機械は故障しない限り失敗しない，機械が自ら暴走してやろうなんて考えるわけがない．さらに物理現象も失敗しない．人間が設定したとおり，正直に物理現象は起こる．当然のことながら，失敗したのは人間である．

人間が行っている仕事で不具合事象が起こった際，使用していた機械は故障していない，よほどの天変地異もなかったというのであれば，その原因は100％人間にあるのだ．また，故障のことを扱う場合でも，機械メーカー側が市場で故障するのを避けたいというのであれば，故障するような設計をしたのも人間である．つまり，**失敗の主語は人間である**．このことを強く意識してほしい．

多くの企業において事故が起こった際に，物理現象(不具合現象)の解明，あるいは発注手続きを間違えた際に事務書類の一連の流れ(不具合事象)の調査をして「原因分析が終わりました」という報告書をよく見かける．それは不具合現象や不具合事象の連鎖反応を解説しただけで，その中に人間が出てこない．まるで，物理現象や書類が失敗したかのようである．そもそも，「失敗」という言葉を使った瞬間に，やったのは必然的に人間なのである．人間が行った行動や動機的原因を議論してほしい．

本書では，**「人間の行動」と，「その行動の結果，必然的に起こる現象」を明確に区別する**(図 1.1)．例えば，

技術系の事例の場合

人間の行動：設計者がその部品を設計した，その材料を選定した

必然的に起こる現象(物理現象)：その部品に応力が働き，腐食も相まって破断した

事務系の事例の場合

人間の行動：事務担当者がその部品名を発注書に記載した

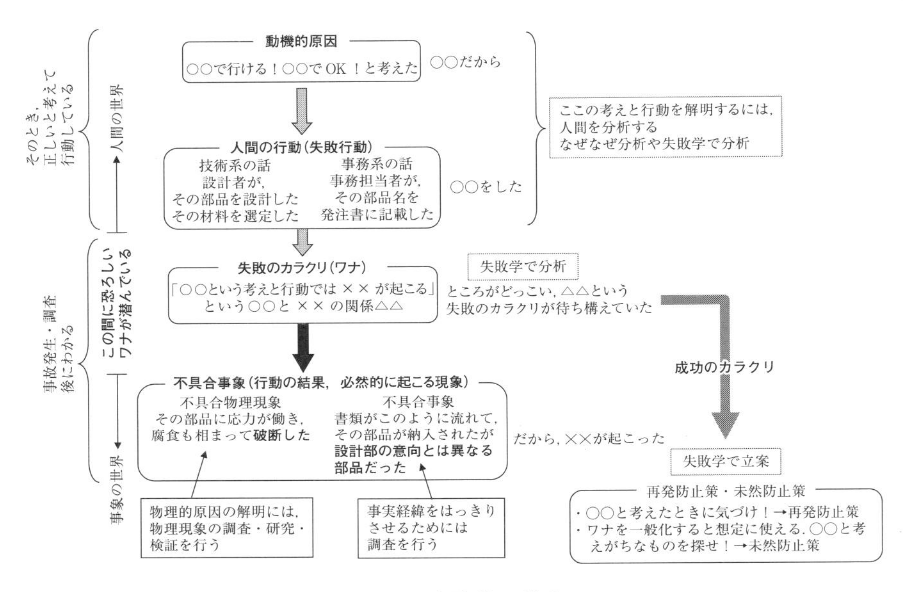

図 1.1　失敗学の構造

必然的に起こる現象（事象）：書類がこのように流れて，その部品が納入されたが設計部の意向とは異なる部品だった

本書ではこれら物理現象や事象などの必然的に起こる現象をまとめて事象と呼び，人間や会社にとって望ましくない事象を**不具合事象**と呼ぶことにする．前記定義のとおり，失敗とは人間の行動であるから，「人間の行動」は「**失敗（あるいは失敗行動）**」と呼ぶ．また，本書では不具合の話を扱うので，「必然的に起こる事象」は，「**不具合事象**」と呼ぶ．

世の中では，会社の失敗，プロジェクトの失敗という言葉がよく使われる．例えば，「爆発事故を起こしたことや損害を出してしまったことが，会社の失敗，プロジェクトの失敗である」という表現である．それは爆発という物理現象（自然現象）や，損害が出たという事象である．それらは人間が行動した結果であり，その最終結果を失敗と呼んでいるといったいどこが失敗だったのかがわからず，対策はピント外れとなる．会社においてもプロジェクトにおいても，人間が意思決定し，人間が行動しているのである．地震や津波などの天変地異の中で予測不能なものや，突然過ぎて想定不能に近い世界大恐慌でもない限り，人間が爆発や損害という最終結果を引き起こしたのである．本書で失敗，あるいは失敗行動と言えば，その望ましくない不具合事象を引き起こした**人間の行動**のことをさすことにする．

一連の不具合物理現象を解明する物理的研究，書類の流れなどの一連の不具合事象をはっきりさせる経緯の調査は，その製品・技術の専門家や，事務担当者が得意であってそれは各企業にお任せする．

失敗学は，それらの物理現象や事実の経緯が解明された後，その不具合事象を引き起こしてしまった人間の行動とその原因分析，再発防止と未然防止はどうするかというところに使うものである．さらに失敗学の最大の特長は，**未然防止のための想定ツール**だということである．

1.3　すべての失敗は「想定外だから起こること」である

トラブルを発生させてしまった企業の社長は記者会見にて，決まって「想定外でした」と言うが，ある意味ではナンセンスな答弁である．

もともとすべての失敗は「想定外だから起こること」なのである．正しいことをしているつもりだったのに，不具合事象にゴールインしたということは，必ずどこかに「想定外＝どんでん返し＝起承転結の転」があったのである．あるいは，ある程度想定はしていたが「大丈夫だろう」と思ったからゴーサインを出した(行動に移した)はずである．それなのに「大丈夫ではなかった」，ということはそこに程度の差こそあれ，何らかの想定外があったはずである．

なぜなら，絶対に不具合が起こるとわかっていてゴーサインを出す人はいないからである．70億人の全人類にとって想定外だったか否かは別にして，少なくとも当事者にとっては想定外だったのである．

想定していたことにはあらかじめ対策を図っている．想定していなかったからあらかじめ対策が図れなくて，不具合事象にゴールインしてしまうのである．言い換えれば，想定できれば不具合事象を未然に防ぐことができる確率は上がるのだ．ところが，想定しようとも思っていない，想定する考え方やツールももっていないのに「想定外でした」ということ自体が論理矛盾でもある．

読者のみなさんは想定しようとする努力をしているだろうか．また，想定するための武器(考え方やツール)をもっているだろうか．想定しようとする努力をしていない，想定するための武器ももっていないとしたら，あなたも「想定外でした」と言う資格はなくなってしまう．

設計も，リスク管理(リスクマネジメント)もリスク評価(リスクアセスメント)も想定が「いの一番」である．想定しなければ，何も始まらないのである．想定したことは，設計も管理も評価もできるが，想定しなかったことは設計も管理も評価もしないし，できないのだ．今日から想定しようとする努力を始めよう．本著を読んで失敗学を実践し，想定するための考え方・方法論を身に付けよう．

ちなみに，想定外と想定不能は使い分けてほしい．先ほど述べた，地震や津波などの天変地異の中で予測不能なものや，突然過ぎて想定不能に近い世界大恐慌というのは，想定することが不可能に近いという意味である．想定外とは想定していなかったということであるから，想定外という全体集合の中に想定不能という部分集合がある．

1.4　失敗の原因と失敗学の分析対象

1.4.1　失敗の原因は「動機的原因」

人間が何かを思っただけでは何も起こらない．行動したから何かが起こったのである．だから本書では，失敗とは人間の行動だと定義したのである．意図的に何かをしなかったという場合は，その件について「現状でOKと判断した」とか「見送った」という行動をしたと考えてほしい．

図1.1を再度参照されたい．人間が何かの行動をする原因は動機しかない．失敗についても同じである．失敗行動をした原因は？と聞かれたら動機的原因しかない．きわめてシンプルである．筆者は5回も「なぜなぜ？」と聞かない．1回あるいは多くても2回で十分である．この行動が失敗でした，なぜその行動をしたの？これこれこうだと考えたから．動機的原因の分析は以上で終了！といった具合である．

失敗のスタート地点は動機，つまり頭の中にある．人間は考えてから行動に出るからである．A が成功の行動，B が失敗の行動としよう．失敗した後に，「何も考えてなかったよ」という人がいるが，それは「A のことなんて考えてなかったよ」ということであり，B の行動をしたときは「それが正しい」と考えたからこそ B の行動をしたはずである．その考えが間違っていたから不具合事象を引き起こしたのである．

この動機的原因というスタート地点から不具合事象発生というゴールの一連の流れの中でどこかでひっかけて，U ターンして戻ってこなければならない．どこでひっかけるのが賢いかというと，スタート地点である．その動機が頭に浮かんだときに気づいて成功の道を選ぶのが最も安全で効率がよい．つまり失敗行動を起こさないことが最も得策である．しかも，人間はそのとき考えていることからしか気づけない．後になって失敗でしたとわかったことを，「事前に気づけ」と言われても気づきようがない．そのとき考えていることとは何か，それはやはり「B の行動をしよう」という動機的原因だけなのである．

実はこの「動機的原因」という言葉は，筆者が勤めていた日立製作所の，おそらく数十年以上昔の「なぜなぜ分析」を説明する古い書類に書かれていた言葉である．日立製作所が元祖か否かは知らないが筆者がこの言葉を知ったのはそこであり，筆者も「そのとおりだ」と考えるのでそのまま使わせていただいている．

1.4.2　分析手法の落とし穴

産業界にはさまざまな分析手法がある．筆者はどれも否定しないが，産業界の人たちは困っているのではなかろうか．筆者はそれらの手法・技法が間違っていると言っているのではなく，使う側が使いこなせていない，あるいは効果がない使い方をしていると言っているのである．

根本原因，真の原因，直接原因，間接要因，背後要因，原因，要因といったように似たような言葉がたくさんあって，現場の人たちは何かの原因が頭に浮かんだとき，「これ，直接原因のところに書こうかな？根本原因のところに入れようかな？」「これは間接要因？背後要因？」と悩んでいる．無駄なことに時間を使ってしまっているように見えるのである．

あるいは，「なぜ？なぜ？」と 5 回も言っているのに物理現象や書類の流れの経緯の話しか出てこなかったり，5 回も言っているうちに堂々巡りになって元の言葉に戻っていたり,「マニュアルがなかったのが原因である」「マニュアルを周知徹底していなかったのが原因である」と間違った方向に迷い込んだりしているように思えるのだ.

1.4.3　分析対象は動機的原因

不具合事象の原因には,「物理的原因や事実経緯」と「動機的原因」しかない.

筆者の失敗学では原因としては「動機的原因」しか扱わない. それこそが重要であり, それで十分なのである. 失敗学の主な分析対象は人間である. 物理現象そのものでも事実の経緯そのものでもない. それ自体を分析するのは, 物理的研究や経緯の調査という. 人間の行動を理解し分析するために, 物理現象や経緯の話は分析内容に入っては来るが, あくまでも人間を分析するのが主目的である. なぜなら失敗するのは人間だからである.

失敗学の主たる分析対象は人間であり具体的には,

・人間が行った**失敗行動**

・その**動機的原因**

である. 次に失敗学が分析対象とするのは,

・「人間の動機や行動」と「不具合事象」の関係＝**失敗のカラクリ**(ワナ, メカニズム)

である. さらにそこから,

・失敗のカラクリを導けたからこそできる**未来の不具合事象の想定**

・失敗のカラクリから導かれる**成功のカラクリ**

・具体的な**再発防止策**と**未然防止策**

という**想定**と**対策立案**を行う.

この中で最も重要なのは「失敗のカラクリ」である. 失敗のカラクリというのは, そのもっともらしい動機で, 一見正しそうな行動をしたら, (正しいように思えるのに)不具合事象につながってしまう, という人間を陥れるワナである.

文学的に表現すると,「動機や行動」という**人間の世界**と,「その行動の結果, 必然的に起こる現象」という不具合**事象の世界**を結びつけるインターフェイス, その2つの関係, メカニズムである.

分析対象という言葉からもう１つ説明しておく．失敗学では事件は扱わない．扱ったとしてもその原因は「悪意があったから」という話で終わってしまうので分析する意味もない．先ほど述べたようにみなさんの会社には，わざと失敗して会社に損害を与えてやろうという人はいない．つまりわれわれが日々直面しているのは，事件ではなくて事故である．わざとやったわけではない．正しいことをしているつもりなのに不具合事象が起こったのであるから，そこには必ず何らかのワナがあったのである．したがって分野・業種・職種にかかわらず，みなさんの会社で起こっている不具合事象はすべて失敗学の分析対象となる．

1.5　動機的原因と精神論の違い，論理的な話と精神論の区別

1.4 節で述べたように，失敗学では動機的原因を扱う．動機的原因とは人間の頭の中の話であり，人間の考えである．当然それは目に見えないし証明もできない．原因分析と称して物理現象の理解の話，書類の流れの経緯の話といった目に見える話をするのが大好きな人に，「人間の考えを扱う」と言うと，すぐに「精神論だ」と言う人が多い．これは大きな勘違いである．

精神論とは,「結果とはほとんど関係がない人間の考え」である．例えば,「心頭を滅却すれば火もまた涼し」ということわざがあるが，何をしても火が涼しいわけがない，ある時間以上触れれば必ずやけどをする．同様に「願えば必ず叶う」「やる気があれば何でもできる」といった，結果とはほとんど関係がない人間の考えを精神論と呼ぶのである．

それに対し，動機的原因は結果に大いに関係がある．望ましくない結果を生じさせたのは,「設計・選択・伝達・発注」といった人間の行動であり，その失敗行動を引き起こした原因は動機的原因しかないのだ．つまり，動機的原因は「結果と大いに関係がある唯一の人間の考え」であるから，精神論ではない．

ちなみに，筆者は精神論や根性論を否定しているわけではない．区別してほしいと言っているのである．筆者が企業で働いていたころ，精神論・根性論は大切だった．出荷まであと１カ月しかないとき,「この技術を１カ月以内に完成させろ！」と部長に無理難題を言われ，泣きながら徹夜で仕事をするときは

精神論・根性論は重要だった．ただし，それは論理的な技術や，論理的な戦略があってこその最後のわずかなスパイスが精神論・根性論なのである．論理的な話がなければ，精神論・根性論だけでは何もできない．

失敗学では精神論は扱わない．失敗学はきわめて論理的な方法論である．動機的原因と称して「忙しかったから，マニュアルがなかったから，疲れていたから」といった，人間の考えでもないし，さらにそのときの失敗行動と関係がない話を書く人がとても多いが，それは書かないでほしい．これらが失敗行動と関係がない，という件については後に詳述する．

対策にも同じことが言える．対策欄に「以後十分注意せよ，徹底的に確認せよ」といった精神論を書く人がとても多い．「注意せよ，確認せよ」とは従来から言ってきたはずであるし，言わなくてもわかっていることである．今回失敗したときだって注意していたはずであり，確認していたはずである．それでも失敗したのである．そもそも「注意せよ，確認せよ」と「十分注意せよ，徹底的に確認せよ」は何が違うのか？「十分」とか「徹底的に」といった比較級・最上級の言葉をくっつけて対策を打ったような気分になっているから，何回でも失敗するのである．これらこそ結果にほとんど効果を発揮しない対策，まさに「がんばれ精神論！」である．もっと論理的な対策を打たないと失敗は止まらない．

1.6　ヒューマンエラーとは

「失敗学は人間を主な分析対象とする」と言うと，すぐに「ヒューマンエラーの話ですね，自分たちは技術的な話を対象にする技術屋だから，失敗学はあまり関係がないですね」と返す人がいる．この人は，物理現象の解説書をつくりたいのだろうか？

何回も言うが，失敗するのは人間である．不可解な物理現象を解明したい，あるいはその解明方法がわからないのなら実験計画法や研究の方法論を勉強するべきである．そこに「なぜなぜ分析」も「失敗学」も「未然防止の方法論」も無関係である．

不具合事象が起こったら，企業は即座に物理的原因解明を行うはずである．

複雑な現象でも少し手間をかければ明らかになるはずである．その明らかになった一連の不具合物理現象を引き起こした設計や材料選定において，失敗したのはやはり人間である．人間の考えや判断を分析しなければ，失敗は止まらない．どの分野でも失敗学は大いに使える．

技術的な不具合事象の話において物理現象が解明されていない場合は，何が失敗だったのかという定義すらできないので，再発防止も未然防止もできない．**物理現象が解明された後，なぜなぜ分析や失敗学が登場するのである．**

さらに付け加えると，「ヒューマンエラーの話ですね？」という問いには即座にYESともNOとも答えにくい．その人がヒューマンエラーをどのように定義しているかによる．「人間が起こすミスのことをヒューマンエラーと呼ぶ」と考えている人が圧倒的に多い．

ヒューマンエラーの定義は学者によってさまざまであるが，人間が起こすミスをヒューマンエラーと呼ぶのなら，この世にあるすべての失敗はヒューマンエラーになってしまう．前述したとおり，人間が行っている仕事でミスが起こった，使用していた機械は故障していない，よほどの天変地異もなかったのなら，原因は100％人間側にある．したがって，そのような定義をするとすべてがヒューマンエラーとなり，ヒューマンエラーという言葉に意味がなくなる．これはヒューマンエラーでしたという分析もナンセンスで，何の分析にもなっていない．

筆者の私見かもしれないが，ヒューマンエラーとは，「なぜこの行動をしたの？」となぜなぜ分析をしたときに「人間だから」という答えしか見当たらないもの，と筆者は考えている．「なぜこの1個だけ作業を間違えたの？」と聞かれても，他に間違える理由は見当たらない，「だって人間だもん，1000回に1回ぐらい理由もなく間違えるよ！」これをヒューマンエラーと呼びたい．その先のヒューマンエラーの詳細分類や専門的分析はその分野の専門家にお任せする．

いかにも間違えやすい理由があるのにそれを間違えたからヒューマンエラーだと言ってしまうと，システムエラーが放置される．ヒューマンエラーだといった瞬間に対策をあきらめてしまうからよくない．間違えやすいワナが放置され改善されないのである．人間のミスだからという理由で，何でもかんでも

「ヒューマンエラー」と呼ぶのはやめよう.

1.7 「失敗に学ぶ」とは

「失敗に学ぶ」を別の言葉で表現すると「人の振り見て我が振り直せ」「過去の振り見て未来の振りを直せ」ということである. では, なぜ「失敗に学ぶ」必要があるのかと言えば, それは「人類は昔から同じ失敗を繰り返してきたから」「人間は同じ過ちを繰り返す動物だから」である.「過去の失敗と同じか似た形で次の大失敗が起こる」と相場が決まっているのだ.

だからこそ, 失敗を未然に防ぎたいのであれば, 過去の失敗から学ぶことが一番賢いのである. ここで,「同じ失敗, 同じ過ち」というときの「同じ」とは何が「同じ」なのかが重要である.

当然のことだが, 文化や技術の成熟や変化によって, あるいは業種や職種によって起こる最終結果末端事象, つまり事例は異なる.

例えば, まだ原子力が発明されていない頃, 当然原発事故は起こっていない. 近代になって原子力が発明されたのだから, 2011年の原発事故は新しい失敗だったと言う人がいるが, 決して新しい失敗ではない. 原子力分野で起こったのは初めてであり, 建屋が爆発するという最終結果や物理現象を経験したのは初めてだっただけで, 人間がやった失敗の本質は多くの点で過去の失敗と共通なのである.

この失敗の本質とは, 人間の考えである. もっと言えば,「なぜそれをしようと考えたのか」「なぜこの対策はしておかなくてもよいと決めたのか」という動機的原因である. 一連の事象や最終的に起こった物理現象を事故と呼ぶなら, 2011年の原発事故は, **人類が経験した初めての事故ではあっても, 人類がやらかした初めての失敗ではない**, と筆者は考えている. ちなみに, 筆者は原発反対論者でも推進論者でもないので, 変な勘繰りはしないでいただきたい. 誰でも知っている事故だから例に出しただけである.

事例の数は星の数ほどあっても, 人間が陥る誤った考え, その誤った考えと不具合事象の関係(ワナ)はそれほど多くないどころか, 不思議なほど共通点が多い. だからこそそのワナを考えれば想定ができて, 未然防止ができるのである.

したがって，「人の振り見て我が振り直せ」を失敗学風に言うと，「人の考え知って我が考え直せ」「過去の考え知って未来の考えを直せ」である．つまり，「同じ失敗，同じ過ち」と言うときの「同じ」とは，「人間の考えやワナ」が同じなのである．

1.8 「成功に学ぶ」と「失敗に学ぶ」の比較

1.8.1 マニュアルと成功ストーリー

「失敗に学ぶ」ことのご利益をより理解してもらうために，「成功に学ぶ」ことと比較して説明をする．

「成功に学ぶ」を言い換えると「正しいことに学ぶ」である．正しいことの代表的なものにマニュアルがある．読者のみなさんの会社に置かれているマニュアルには正しいことが書かれている．むしろ，正しいことしか書かれていないのではないだろうか．例えば，ある作業をするために，その作業を成功させるための手順が書かれている．

作業 1．A をやりなさい
作業 2．B をやりなさい
作業 3．C をやりなさい
⋮

といった具合である．

一方，「いかに，なぜ，どのように正しいのか」「なぜ，これこそが唯一の手順なのか」「なぜ，手順 1 と手順 2 を入れ替えてはいけないのか」といった理由系・原因系・メカニズムといった，その正しい手順のもとになった人間の考えやワナまでは書かれていないのではないだろうか．

そうだとすれば，そのマニュアルは「唯一の成功ストーリー」だけが書かれた作業手順書である．作業を成功させた先人・先輩が，上手くいったときの足跡を書き残しただけの手順書なのである．上手くいった手順をトレースして，先人・先輩が描いた一本道をそのまま同じように通ろうとする，まさに成功に学んでいるのだ．そこに「起こるとしたら何が起こるか」という想定はないし，状況変化に対応するための考えも書かれていない．

筆者は「成功に学ぶ」ことを否定はしない．「成功に学ぶ」ことは，一番効率のよいやり方であることに違いない．そして「成功に学ぶ」で失敗していないのであれば，そのやり方を続けるべきである．しかし，唯一の成功ストーリーしか書かれていないマニュアルをもとに作業をした結果，失敗してしまっているのが現実である．なぜならば，作業をしているときにはさまざまな状況変化が飛び込むからである．状況変化や変更点が飛び込まない仕事のほうが珍しいのである．唯一の成功ストーリーしか知らなければ，状況変化や変更点に対応することはできないのである．

図1.2をご覧いただきたい．成功への一本道を綱渡りのように歩いていて，横からの強風に煽られて，ぐらっとして足を着き，その足を着いたところが落とし穴だった，ということが起こるのだ．それにもかかわらず，一本道をトレースすることしか考えていない，「成功に学ぶ」ことしか考えていないのは，どうかしている．成功に学ぶだけでなく失敗にも学ぼう．

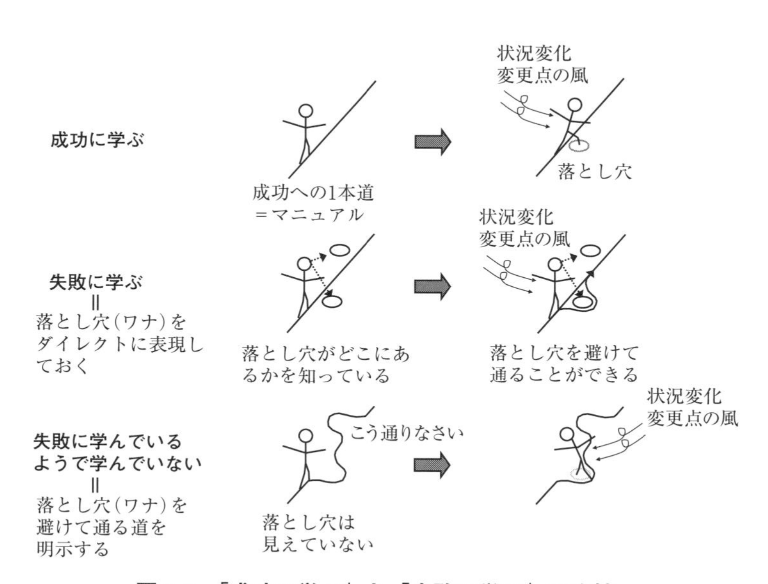

図1.2　「成功に学ぶ」と「失敗に学ぶ」の比較

1.8.2 事例に学ぶ「失敗のワナ」

「失敗に学ぶ」ということは「落とし穴がどこにあるかを知っておいて，そこを避けて通る」という考えである．前述の例えで表現するならば，横からの強風に煽られて，ぐらっとしたとき，どこに落とし穴があるかを知っておけば，落とし穴をまたいで足を着くことができる．落とし穴の位置がわかっているため，穴には落ちないで済む，すなわち失敗しないで済むのだ．強風が通り過ぎれば，元の道に戻ればいいのである．

ここで注意してほしいことがある．ときどき，「失敗に学びました」と言う人がいて，「どんなふうにしたの？」と問うと，「今回の失敗を踏まえてマニュアルを作りました」と返事が返ってくる．よく聞いてみると，落とし穴を避けて通る道をマニュアル化したということである．これではまったくダメである．それはやはり成功への一本道を示しただけで，落とし穴がダイレクトに表現されていない，歩いている人から落とし穴が見えていないので，状況変化によってその成功への一本道を外れてしまったときに，違う方向からまた同じ落とし穴にハマってしまう．

「失敗に学ぶ」とは落とし穴(間違った考えやワナ)をダイレクトに表現することである．上記の「落とし穴を避けて通る道を明示すること」と，「落とし穴をダイレクトに表現すること」の違いを説明する．

医療の事例で説明しよう．筆者が作ったフィクションのヒヤリハット報告書だと考えてほしい．

> どの病院でも看護師不足で看護師はとても忙しい．看護師は聴診器や多くの書類の山を左手に抱え，空いた右手でなんとか人工呼吸器のキャスター台車を押して病室に入ってきて，所定の場所に人工呼吸器を置く．その次に左手にもっている書類をひとまずどこかに置くという作業を先にするかもしれない．あるいは，患者さんが咳ばらいをしたのが気になって様子をうかがうという作業が入るかもしれない．つまり状況変化が飛び込んでくる．そのため，人工呼吸器のコンセントを刺すのを後回しにする．その後，チューブ類のセッティングを終えて人工呼吸器のスイッチを押し，動いているのを確認して病室を離れる．数時間後，様子を見に戻ってきて

みたら，人工呼吸器は止まっていて患者さんは危機的状態だったが，その後のリカバリーで事なきを得た．

原因：人工呼吸器のコンセントの刺し忘れ(確認不足とヒューマンエラー)

再発防止策：病室で所定の場所に人工呼吸器を置いたら，いの一番にコンセントを刺すことを，マニュアルを作って周知徹底した

読者のみなさんはこの看護師がハマったワナを見抜いただろうか？説明しよう．

多くの病院で使用されている，人工呼吸器の取り扱いマニュアルの一行目には，「病室で所定の場所に人工呼吸器を置いたら，**いの一番にコンセントを刺しなさい**」と，他の行よりも格段に大きな文字で書かれている．

この「いの一番にコンセントを刺せ」という再発防止策は確かに刺し忘れを防ぐための最善の策かもしれない．ただし，これはワナを避けて通る道を明示したのであって，それだけではこの失敗は止まらない．ワナが放置されているからである．

人工呼吸器にはバッテリーが内蔵されている．地震や津波などの非常時に原っぱで使えないと，患者さんが危機的状態になるからである．そのバッテリーが非常時ではない平常時に看護師をワナにハメるのである．コンセントを刺し忘れていてもスイッチを押せば，何と人工呼吸器は動いてしまうのだ．バッテリーがあるからである．もしバッテリーがなければ，スイッチを押してもうんともすんとも言わないので，刺し忘れる人は皆無だろう．こんなことは，当事者にヒアリングしなくても，当事者がなぜそのときそれで(刺していないのに)OK だと思ってしまったのかを少し考えればわかることである．これは刺し忘れたというよりも，刺していないのに刺してあると誤認したのである．

看護師は実際に人工呼吸器を作動させてから病室を離れているので，電源のことは意識にあったはずだ．意識にはあったが動いたから電源を確保していると誤認したのである．さらにバッテリーにはタイムリミットがある．放電してしまえば人工呼吸器は止まる．

1.8.3 なぜマニュアルは無力だったのか

1.6節でも述べたように，これをヒューマンエラーの一言で分析を終了されたらたまらない．誤認しやすい理由を放置して，忘れたという言葉で片づけて，忘れたのだからひとえにヒューマンエラーだという論法である．「ヒューマンエラーなのだから，人間の注意力でカバーせよ！」では失敗は止まらないのだ．

何度も言うが筆者は，正しい道，ワナを避けて通る道，といったいわゆる正しいことだけが書かれたマニュアルはいらないとは言っていない．マニュアルの右半分の余白に，理由系原因系，その手順の設計根拠を書いておいてほしい．手順ができ上がった理由，その手順を設計した根拠は，ワナである．このワナがあるからこの手順で行動せよ！とマニュアルは設計されているのではないのか．筆者なら．マニュアルの右半分に，

「この機械はバッテリーがあるのでコンセントを刺してなくても動いてしまうからハマるなよ！」

と書いておく．この一行は絶大なる威力がある．これが，落とし穴(ワナ)をダイレクトに表現するということである．このワナさえ知っておけば，どんな状況変化が入ってきても対応できるはずだ．また，このワナを伝えることができればどんな表現だってかまわない．例えば，図1.1の表記に習って書くと，

「動いているからコンセントは刺してあると判断すると，バッテリーに騙されて，人工呼吸器はやがて止まる」

となる．

動機：動いているから

行動：コンセントは刺してあると判断した

不具合事象：人工呼吸器が止まる

この「動機と行動」と「不具合事象」を結びつける関係が，「バッテリーに騙される」である．

この場合はコンセントに関して何もしなかったと考えるのではなくて，刺してあると判断して病室を離れたのである．ところが，病室を離れたと書くと，離れた行動についての議論へと話がそれてしまうので，「判断した」ことを行動とした．

1.8.4　再発防止策の考え方

さらに，ワナを理解したうえで再発防止策を考えてみよう．人工呼吸器が動いた瞬間に看護師は頭の中からコンセントを刺すという手順を省略するのだ．それならば，動いていても手順を省略させないような策が必要である．もちろん，バッテリー駆動の際にアラームは鳴るようになっているが，そんなやさしい音を鳴らされても操作音だと思ってしまう．しかし，医療機器メーカーに依頼してアラーム音を耳障りな音になるように改造してもらったり，IT を駆使して電源集中管理システムを構築するとなると費用も時間も必要である．

機械への悪影響があるかないかという話はともかくとして，「コンセントを刺して抜いて刺すというルールにする」というアイデアはどうだろうか．わずかな手間でかなり効果のある再発防止策になるではないか．動いていようがいまいが，とにかく一度コンセントを触ることになる．

そもそも仮に，先に使った看護師が使い終わった人工呼吸器のコンセントを抜いた状態で，その部屋の所定の場所に置きっぱなしにしてある場合，「所定の場所に置いたら，いの一番にコンセントを刺せ」という対策は無力である．「コンセントを刺して抜いて刺す」これを標準手順にしておけば，新しく入職した看護師は先輩に聞くだろう．「先輩！なぜこんな変な手順になっているんですか？」と．先輩はドヤ顔して説明すればいい．「それはね，バッテリーがね……」というように教育・伝承の機会も増えて一石二鳥ではないか．

このように

「刺し忘れ→いの一番に刺せ」という，ワナを考えないで作った再発防止策と「バッテリーに騙される→コンセントを刺して抜いて刺せ」というような，ワナを理解して作った再発防止策はかなり異なることが多いのである．

こんなたとえ話も付け加えておこう．

> 職場でネット通販のやり方を先輩から教わったとしよう．そして，帰宅してから教わったやり方を，パソコンの前に座り独りで実践してみた．すると，いかにもクリックしたくなる表示がある．例えば，「今買えば，ポイント２倍プレゼント！」というような表示である．これが仕事における状況変化なのである．そしてその余計なところをクリックして，不要なも

のまで買って，業者との間でトラブルになってしまった．次の日，教えてくれた先輩に会って，「先輩，ここをクリックして失敗しました」といったら，先輩に「ああ，それね．やるよね」と言われた．

そう言われたみなさんはどう感じるだろう．「だったら最初から，ここはクリックするなよ，と教えておいてくれよ……」と思うことだろう．

「これをああして，こうして，そうしなさい」と正しい行動を教えるのが「成功に学ぶ」であり，正しいことだけを伝えてもうまくいかないのである．「ここはクリックするなよ」とやってはいけない行動やワナを教えるのが「失敗に学ぶ」ということである．一度ハマってしまったのだから，そのワナを明確にしてみんなで共有し，二度とハマらないようにする，これこそが「失敗に学ぶ」という言葉の意味である．この考え方の比較を表 1.1 にまとめて示した．

われわれは無意識のうちに，正しいことを探し，正しいことを言おうとする．それだけをやっているのでは，全員がロボットになってその正しいことに従って動け！それ以外の行動はするな！と言っているようなものである．

表 1.1 「成功に学ぶ」と「失敗に学ぶ」の考え方の比較

成功に学ぶ	失敗に学ぶ
マニュアル	失敗学
正しいことを正しいと教える	正しくないことに気づけるようにする
このとおりやりなさいと教える 落とし穴を避けて通る道を明示する	落とし穴をダイレクトに表現する
所定の場所に人工呼吸器を 置いたら，いの一番に コンセントを刺しなさい	この機械はバッテリーがあるので コンセントを刺してなくても動いて しまうからハマるなよ！
（通販にて）この順番でクリックしなさい	ここは騙しだからクリックするなよ
手をあげて横断歩道を渡りましょう	赤信号みんなで渡れば怖くない
標語	川柳

一億三千万人，総マニュアル化時代の到来である．失敗学は，マニュアル化して済ませようとするのではなく間違っていることが間違っているとわかるようにする，それによって自分で判断し，状況変化に対応できるようになる，しかも想定できるようにもなると，主張しているのである．そんな考え方もあるのだとご理解いただければ幸いである．

「成功に学ぶ」に「失敗に学ぶ」の考えを取り入れて，ダブルチェックなどの手間を減らして効率よく，失敗もしない仕事の進め方をするのがベストなのである．「成功に学ぶ」ことしか考えていなかった人は，今日から「失敗に学ぶ」考え方を取り入れてほしい．

1.9　根本治療を目指せ

不具合事象に至る樹形図を図1.3に示す．樹形図は一番上に頂点があり，下にいくに従って枝分かれしていく．一番上がワナ，次が動機的原因，その次が失敗行動，一番下が起こってしまった不具合事象である．多くの会社が日々相手にしているのは，現場で起こった最終結果である不具合事象と，それを引き起こした失敗行動までである．物理現象・物理的原因・事実経緯は不具合事象の中身である．

「この部品が破損した」，「異なる部品が納入された」という不具合事象や，それを引き起こした失敗行動は，日々の仕事の中で最終的には1万通りもの数があるかもしれない．その数多くの不具合事象や失敗行動に対し，チェックせよ，確認せよ，手順書を作れ，というようにチェックや確認で対抗しようとすると，1万通りのチェックリストができ上がってしまう．チェックリストの洪水におぼれるような会社ができ上がってしまうのだ．

もちろん筆者はチェックリストを否定しているわけではない．1万通りの作業レベルのチェックリストやマニュアルでガンジガラメにして，決まった行動しかしないというのも失敗を防ぐ1つの方法である．また，いかなる場合もチェックや確認は必要である．ただ，決まった行動しかしないというのでは仕事は成立しない．また1万通りのチェックリストやマニュアルをつくるのは非現実的であり効率もよくない．さらにチェックという方法論は異常の早期発見

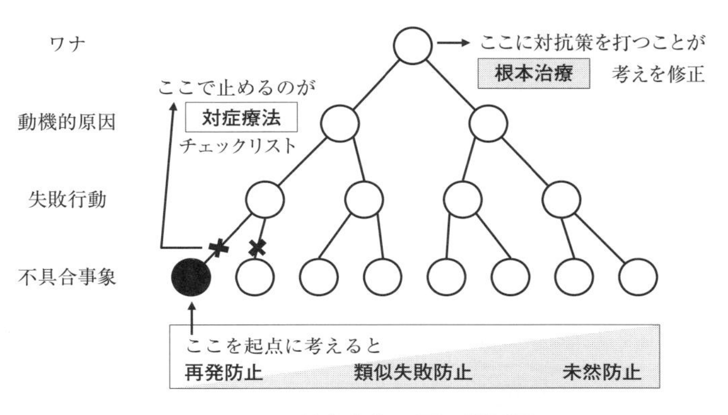

図 1.3　不具合事象に至る樹形図

方法であるから，チェックという方法論だけでは異常発生を容認してしまう．さらにチェックだけではいつかすり抜けが起こるのだ．

似たような失敗が起こり続けている会社，もぐらたたき状態になっている会社に必ず言えることがある．

「打っている対策に効果がないのである，効果があればその手の失敗は止まっているはずだ」

なぜ効果がないか？

「対策のピントが外れているからである，ピントが合っていれば必ず効果は出る」

なぜピントが外れているか？

「人間がやりがちなワナをつかんでいないからである」．

動機的原因やワナはどうでもいい，異常は発生してもいいから，作業を行った後にチェックでひっかけて防止しようとするから失敗は止まらないのである．これだけでは，作業レベルでの対策である．

「これこれこうだからこういう設計をしよう」と考えたときに「あっ，この考えはダメだったんだ！」と気づける対策でなければ，行動する前に止められない．

行動後（例えば図面を描いた後）のチェックリストやデザインレビューでひっかけてもよいが，それは失敗を早期発見して是正しただけで，間違った部品で設計するという失敗行動は起こってしまっているし，チェックはいつか漏れる．

動機的原因やワナをつかんで失敗行動自体を最初からしないことが最も重要なのである．つまり，考えレベルでの対策である．

さらに末端階層である最終結果に対策を打っているうちは，未然防止ができない．不具合事象が発生しなければ，そこにチェックリストやマニュアルがなかったことに気づかないからである．上位階層に登って動機的原因やワナを捉えないかぎり，未然防止や水平展開はできないのだ．

あらゆる不具合事象は，いくつかの頂点（ワナ）やその下の動機的原因から枝分かれしていった結果で表現することができるはずだと筆者は考えている．あるワナが，もしも製造工場で起これば爆発事故になり得るし，病院で起これば医療事故にもなり得る．ワナや動機的原因の下層で起こった最終結果が違うだけで，上層は共通であることが多いのだ．そのいくつかの頂点に対策を図ることこそが「根本治療」になるのである．

例えば，あなたに小学生の子供がいるとする．学校で同級生を叩いてしまった．さて，あなたはどのような行動をとるだろうか．あなたが子供の成長を願っているのなら，何よりもまず「なぜ叩いたのか」と，その動機的原因を調査するはずだ．ではなぜ，動機的原因を調査するのだろうか．それは動機的原因を修正することこそが，我が子の根本治療になることを本能的に知っているからである．動機的原因を修正することができれば，叩いたという行動がよくなかったという「理由」を理解し，「それならばイジメもよくないな」「嫌がらせもよくないな」と，叩くという行動以外の他の行動にも応用が利き，自分で良し悪しの判断をして，正しい行動をすることができるようになるのだ．

すなわち，**根本治療をしたければ，個々の行動や最終結果に対策を打つのではなく，行動のスタート地点である動機的原因と，その動機で行動すればこういうワナにハマって不具合事象が起こるという考えを共有し，そのワナにハマらない策を打つこと**．これができれば，同じ失敗や似たような失敗が繰り返されることはなくなる．**人間がハマるワナはそんなに多くはない**．これは根拠もなく言っているのではない．理論的には証明できないが，多くの不具合事象を分析してきた経験をもとに言っているのである．

ちなみに，「根本治療」の対義語に「対症療法」がある．

「対症療法」とは，最終的に発症した症状に対して策を講じることをいう．例えば，エボラ出血熱には，残念ながら根本治療法は今のところ見つかっていないが，対症療法はできる．出てきた症状，例えば「熱が出た」ら解熱剤を飲み，「関節が痛い」なら痛み止めの注射を打つなどの対症療法はできる．それによって熱が下がり，関節の痛みは消えるが，患者の身体からエボラウィルスが消えたわけではない．

筆者は不具合事象に関して，1万通りのチェックリストのような対症療法ではなく，根本治療をやろうと提案する．

1.10　オオカミ少年現象要注意！　書類の数を減らそう

会社の規模と書類の数は比例する，これはたくさんのコンサルティングをやってきた筆者の経験上の話である．不具合事象の説明を受ける際に，大きな会社ほど書類の数が多い．社員や上司の数が多いから，あるいは謝罪しなければならないお客さんの数が多いから書類が増えていくのかもしれない．

あるいは，大きな会社ほど何でもきちんとやろうとするのかもしれない．なぜなぜ分析シート，特性要因図，4M分析，m-SHELL分析など，数多くの手法・技法をもち込んで書類を作るから書類の数が増えるのである．これらの手法・技法が間違っているわけではないが，使い方が悪いのであろう，分析も対策もピント外れなのである．

物理現象を説明する際も同じことが言える．その製品の原理図から始まり，挙句の果てに装置の詳細なCAD図まで登場する．コンピュータ内に入っている図面を書類に張り付ければ書類を作るのが楽だからである．

ていねいに説明するのはよいことであるが，ピントが外れているのである．その話，今回の失敗とは無関係ですよ！その話をしなくても失敗の説明はできますよ！と言いたくなる．説明している人が動作原理や何が失敗だったかという本質を理解していないから，何でもかんでも添付しておけばよいという発想になって，書類の数が増えるのである．

線や文字で埋め尽くされた装置の詳細なCAD図を見せられても数分程度の短い時間内に装置の立体構造まで頭に思い描くのは不可能である．これはコンサルタントだけではなく，あなたの会社の上司にも，未来に仕事の役に立てようとその不具合書類を見るあなたの後輩にも理解できない．伝承するための書類は読んだだけで理解できなければ価値がない．口頭で説明するからいいだろうと甘いことを考えていると，失敗の話も技術も伝承しない．数年後にそれを口頭で説明する当事者はそこにいないのだから．

コンサルタントが理解できないのはどうでもよいが，他部署の人が，あるいは同部署でも後輩社員が数年後に見て理解できないのは大変困る．理解できない書類は見ないし見たとしても役に立たない，役に立たなければ会社はよくならないからである．

少し手間はかかるが，今回の失敗に関係がある要点をクローズアップした概略図（ポンチ絵あるいは漫画とも呼ばれる図）を1枚だけ描く努力を始めよう．他の書類はほとんどいらない．概略図を描くためには理解していないと描けないから，それを描くときに本質を考えるのである．そのたった1枚の概略図を作る手間のコストは，10年後の会社の発展を考えれば，決して高くない．狭い範囲で一時しか使わない書類と，他事業部を含めた広い範囲で活用し，長い時間にわたって伝承するための書類は，目的が異なることをご理解いただきたい．不具合情報の書類は後者である．

さらに最近ではデジタルカメラが普及したこともあって，不具合事象を説明する書類の中に，現物と称してやたらと装置全体や大きなユニット全体の写真が登場する．写真を張り付ければ楽に書類を作れるからである．そんな写真を見せられても，どこが今回のポイントか，この写真のどこが何の機能をもった部分なのかがわからない．

また，製造現場の失敗の話においても，図面，作業手順書，作業要領書，作業指示書，是正指示書，是正終了報告書と似たような書類が山ほど登場する．おそらく不具合事象が起こる度に書類が増えていったのであろう．

ここまでで述べたのは，書類の数が多すぎる，しかもほとんどの書類はピントを外しているということである．

書類は増えれば増えるほど，1つひとつの重みが軽くなっていくと考えてほしい．重みがなくなった書類，1万通りのチェックリストやマニュアルはオオカミ少年現象という副作用を引き起こす．

特に製造現場の作業手順書，作業要領書，作業指示書といった，似たような書類が山ほどあると，誰もそれを真剣に読まなくなる.「オオカミが来るから(=こんな不具合があるから)このチェックリストでチェックしなさい，オオカミが来るからこの要領書に従って標準作業をしなさい」と言われているが，自分のところにオオカミなんか来たことがない．そのうち，中身を見ないでチェックマークを入れるという事態を引き起こす．管理や活動の形骸化である.

そして，設計部が重要なことを作業要領書に 1 行で書いてきたときに，現場はそれをいつもどおり見ていなくて間違った加工をして大損害を出すのである．チェックリストを見なくなって，本当にオオカミが来たときにあっさり足元をすくわれる，そんな失敗を筆者は山ほど見てきた.

やっていることになっているダブルチェック，やったことにしてあるトリプルチェック，回覧してコンピュータの中に蓄積されているだけで誰も見ていない 2 万件のヒヤリハット報告書，他部署の人が読んでもわからないから利用できるわけがないとても詳細な事例集としての事故報告書，そのような形骸化した管理，形骸化した活動をやめようではないか.

誰が見ても重要だと感じる活動，多くの部署で使える展開力のあるヒヤリハット報告書や事故報告書に改めよう．失敗学の目的は，できるだけ少ない書類で仕事の手間を減らし，なおかつ失敗確率を格段に下げることである.

1.11　未然防止 1 対策は 1 億円の価値あり

産業界の事故の損失金額を，その後それに対して打った対策の数で割ると，1 対策の平均的価値は 1 億円を優に超えている．例えば，自動車にリコールをかけたら，1 台で数万円が吹っ飛び，100 万台のリコールならば数百億円が吹っ飛ぶのである．それに対して，10 個の対策を打ったとしたら，1 対策は数十億円の価値をもっていたことになる．事故を未然に防ぐことができれば，その損失は発生しなかったのだから．よって**未然防止 1 対策には 1 億円の価値が優にある**のだ．読者のみなさんはその価値に気づいていないだけである．なぜならば，**起こらなかったありがたみは，誰にもわからない**からである．わからないけれど未然防止の努力をやめてしまったら，大きな損失を出すだろう.

失敗学の目的は未然防止である．つまり，過去や今回の不具合事象から未来の不具合事象を想定し，それが起こる前に止めにいくことである．よって失敗学の効果は，誰にもわからないのだ．いや，何も起こらなかったのであるから，ありがたみがわからないほうが素晴らしいのである．何でもかんでも定量評価，見える化，の風潮に乗って「未然防止活動の成果を定量的に表現せよ」と言う人がいる．定量的に表現する努力も必要ではあるが，品質関係の活動に関しては定量評価が大切なのではなくて，「未然防止１対策は１億円の価値あり」と信じてやり続けることが大切なのだ．成果を表現できないけれど，必要だからやる！そんなことも世の中にはあるのだ，と理解していただきたい．品質や教育はその類のものなのだ．

第２章

失敗学のエッセンス

本章では，不具合事象を分析し対策を立案するための２つのエッセンスを説明する．

その２つは，

エッセンス１：「動機的原因を書き残せ，フィクション大歓迎」

エッセンス２：「上位概念に登れ」

である．

2.1　役に立たないヒヤリハット報告書

動機的原因の重要性を説明するために，まずは役に立たないヒヤリハット報告書について説明する．何がいけないのかがわかれば，正しい分析ができるようになるからである．その次に，動機的原因を書けばどれほど役に立つヒヤリハット報告書になるかを順次説明する．自分の会社でもこのような役に立たないヒヤリハット報告書，事故報告書を書いていないか，読者のみなさんには，チェックしていただきたい．

また，「人の振り見て我が振り直せ」の練習のためにここでは意図的に医療界の事例を使う．産業界の読者のみなさんは，「自分には医療は関係ない」と考えるのは止めていただきたい．その考えをもつと，人の振りを見られないし，我が振りを直せないようになってしまう．

医療界の事例でも，産業界に大いに役に立つことを学んでいただきたい．同様に，産業界の事例でも，医療界に大いに役に立つのである．医療界の方も，「当院には最新システムがあるからこの失敗は起こらない，よってこの話は当院には関係ない！」と言わずに読んでほしい．それはあまりにも事例に固執した考え方であり，それではいつまでたっても未然防止はできない．考え方を伝えるためにこのわかりやすい事例を使っているのである．

役に立たないヒヤリハット報告書：
観察日記のように客観的に書かれても役に立たない

○月×日，午後0時45分ごろ，看護師は入院患者AとBを昼食のために食堂に連れて行く．まず昼食をAとBに配膳し，次に食前薬を手渡す作業を行った．患者が食堂に2人しかいないこともあって，看護師は**よく確認もせず，不注意から薬の選択を誤り**，薬箱から患者Bの薬を取り出し，それを患者Aに手渡した．その後，再び薬箱を覗き込んで患者Bの薬を探すが見当たらない．**間違えて手渡したときには，それを即座に回収することを優先するべき**であったのに，患者B用の薬の有無や出庫されたか否かを薬局に行き確認するという**判断ミスを重ねた**．薬局に行くと患者B用の薬はちゃんと出庫されていることがわかった．急いで食堂に戻り，患者Aに手渡した薬の袋を見ると，それが患者B用の薬であった．もう少しで服用されてしまうところであった．
委員会からのコメント：「薬を配るときはよく確認するよう，再度全員に周知徹底し，個人も厳重注意とする」
当事者からのコメント：「薬を配るときはよく確認して配るよう，院内メールで呼びかけて周知徹底しました．私自身も以後十分注意します．申し訳ありませんでした」

2.1.1　価値がない書類

これを読んだ読者のみなさんの多くは，何の違和感も持たないであろう．なぜならば，多くの組織で書かれているほとんどの書類はこの形式で書かれているからである．これは，起こった事実だけがきれいに時系列に並べられている，という形式である．

失敗した当事者が失敗した瞬間に考えていたことや，その失敗行動を行った理由を書こうものなら，上司から「言い訳するな」と全部削除され，残ったのは「誰が見てもそうだよね」という，外から見える事実経緯報告書となるのである．まさに観察日記である．

ここでよく考えてほしい．この世に存在するすべての書類に共通の目的を考えておられるだろうか？社会人の多くが毎日，いやと言うほど書類を書かされている．目的を考えないで書類を書いているほうがおかしいのである．すべての書類について確実に言えることは，読む人がいるから書類を書いているのである．一生，１人も読むことがないとわかっている書類を書く必要はない．

では読む人はなぜあなたが書いた書類をわざわざ時間を使って読んでくださるのか？そこに書かかれている何らかの情報を，自分の仕事に役立てようと思うから読んでくださるのである．ということは，すべての書類は読んだ人の役に立つように書かなければ価値がない．このことに異論はないはずである．

さてここで，上記のヒヤリハット報告書を再び見ていただきたい．これを読んだ人がここから役に立つ情報を読み取れるだろうか？この書類から「無理やり」原因を読み取り，対策を立てると，以下のようになってしまうのである．

●よく確認しなかったこの看護師が悪い→薬を配るときはよく確認しなければならない
●不注意から選択を誤ったのが原因だ→不注意から選択を誤ってはいけない
●間違って手渡したのに即座に回収しなかったのはいけない→間違えて手渡したときは回収作業を優先しなければならない
●判断ミスを重ねたのが原因だ→判断ミスを重ねてはいけない

これを読まされた読者のみなさんはどのように感じるだろうか？おそらく，「この看護師は薬を配るときのルールやマニュアルを知らなかったんじゃないの？」「知っていたとしてもそのルールを守らない不謹慎な看護師なんだね」「私はルールやマニュアルを知って仕事をしているし，それを守らないなんてこともないから，私には関係ない」と感じるであろう．読者のみなさんは先ほど，すべての書類は読む人が役に立てなければ価値がないことを認めてくれたであろう．

この書類は，書類を読んだ人が「自分には関係ない」と感じる書類なのである．これでは，書類を書いた価値も読んだ価値もゼロである．

未来に役立てるためのヒヤリハット報告書や不具合報告書は，読んだ人が自分の身に置き換えて，「そうか，（失敗という名の見えない敵に）このパターンで攻め込まれたら，私だってやってしまうかもしれない．私も気をつけよう」と感じるものでなければ価値がないのである．

2.1.2　役に立たない原因分析

次に，前述のヒヤリハット報告書の太字のところにもう一度着目してほしい．「よく確認もせず」と書いてあるが，当事者は本当にそんなつもりで配薬しただろうか？確認しないで薬を配る看護師はいないはずである．むしろ，確認しなければ薬は配れないのである．

通常は食堂にたくさんの患者が居て，看護師はたくさんの薬が入った薬箱をワゴン車に乗せて食堂にやってくる．その薬を確認しないでどうやって配ると言うのか．節分の豆まきじゃあるまいし．絶対に何らかの確認をしたはずである．その確認の中身を論理的に調査し，今回の確認のどこがどのようにいけなかったのかを議論するべきである．

「確認」の中身を分析しないで，「よく確認もせず」というように「よく」という比較級の言葉で片づけているのである．

多くの会社で，「よく確認しなかった」のが原因だ，対策は，「よく確認すること」という論法が使われている．「確認せよ」で失敗すると,「よく確認せよ」に変わり，それでも失敗すると「徹底的に確認せよ」，最後は「周知徹底せよ」と相場は決まっているのだ．

そもそも，「確認せよ」と「徹底的に確認せよ」は何が違うのか？『広辞苑（第六版）』によると，「確認とは，確かにそうだと認めること」と定義されている．つまり確認には，認めたか・認めていないか，したか・しなかったかしかないのである．このように「よく，十分，徹底的に」というような比較級・最上級の言葉を付けて，対策を打った気分になるのはそろそろ止めようではないか．これでは「がんばれ精神論！」である．もっと論理的に失敗を防ぎたいものである．

2.1.3　結果論は役に立たない

さきほどのヒヤリハット報告書に「不注意から薬の選択を誤り」と書いてあるが，当事者は「不注意から薬の選択を誤ってやろう」と考えて行動したのだろうか？「判断ミスを重ねた」のが原因だとあるが，「判断ミスを重ねてやろう」と考えていただろうか？そんなはずはない．不注意なつもりも判断ミスを重ねているつもりもなかったはずである．つまりこれらは全部**結果論**なのである．

結果論は結果が出た後でないと言えない．今回，食堂で配薬ミスがあったので，後日医療安全委員会が詳細に調査したからこそ，「今回の確認には不注意なところがあったね」，「今回の一連の行動は判断ミスを重ねていたね」，ということがわかったのである．つまり調査しなければ言えない．この看護師は，行動しているときこれで正しいと考えて行動したはずである．

結果論は，今リアルタイムで行動している人，これから行動する人にとっては何の役にも立たないのである．再発防止，未然防止をしたければ，行動している人がそのときに気づける言葉でなければ役に立たない．読者のみなさんはここで，「**結果論は役に立たない**」ということを強く頭に入れてほしい．

2.1.4　論理矛盾のマニュアル

さらに先ほどのヒヤリハット報告書の太字に，「間違えて手渡したときには，それを即座に回収することを優先するべきである」と書いてあるが，このマニュアル自体に論理矛盾がある．なぜならば，気づかないから起こっていることを間違いと呼ぶのである．気づいていたら間違いは起こらない．

ということは，「間違えたら○○せよ」というマニュアルでは一生○○はできない．間違いが確定・発覚した後，お客さんにこうやって謝ってくださいという後始末のマニュアルならばそれでもよいが，間違いが確定する前に気づいて戻ってきなさいという気づくためのマニュアルとしては完全に論理矛盾である．気づいていないからこそ間違いは起こり，進行するのである．まったく役に立たないマニュアルだったのである．

2.1.5　効果がないことがわかっているのに繰り返されるコメントや対策

委員会からのコメントは「薬を配るときはよく確認するよう，再度全員に周知徹底し，個人も厳重注意とする」である．

「よく確認するよう」は先ほど述べたとおり単に比較級の言葉を使った「がんばれ精神論」である．筆者は周知徹底してはいけないと言っているのではない．周知徹底しなければならないことは多々ある．何を周知徹底するのかというその中身が重要である．

多くの病院で，このような配薬ミスやヒヤリハットはおよそ1週間に1回程度の割合で起こっている．この病院でも同様に20年間にわたり同じペースで起こっているのである．つまり，この対策では効果がないことがわかっているのである．効果がないことがわかっているのに，同じコメントや対策を繰り返す，これでは完全にリーダー失格である．

先ほども述べたとおり，同じような不具合事象が起こり続けている会社，もぐらたたき状態になっている会社について，はっきり言えることがある．

- **打っている対策に効果がないのである．**
- **なぜ効果がないかというと，対策のピントがずれているからである．**
- **なぜピントがずれているかというと**，正しいことをしようとしているのに失敗してしまうという人間がハマりがちなワナをつかんでいないからである．

この論旨を逆にたどると，ワナをつかんでいないから対策のピントがずれる，ピントがずれるから効果がない，効果がないから不具合事象は起こり続ける，となる．

この三段論法に矛盾はないはずである．こんな簡単な三段論法なのだから，はやくそれに気づこう．第1章で説明した，人工呼吸器におけるバッテリーのワナを思い出してほしい．バッテリーのワナに対抗策を打たなければ，何回でも起こるのだ．後に詳述するが，ワナをつかむことが最も重要なのである．

さらに「個人も厳重注意とする」とあるが，これが個人の話だろうか？20年来，1週間に1回起こり続けているということは，誰でもハマってしまうワナがあるということである．つまりこの病院の患者識別方法のど真ん中に風穴が空いているのではないのかと，考えるべきである．

2.1.6　設計根拠が理解されていない活動

この病院では，ヒヤリハット報告書が一通り回覧された後，最後に当事者がコメントを書くという手順になっている．これ自体は，産業界も見習うべきである．なぜそのようにしているかというと，委員会や他人が書き込んだコメントを見て，当事者が対策のアイデアを出すためである．対策を実行するのは委員会が行うとしても，アイデア出しは本人がしなさいということである．

なぜならば，何のワナにハマったかということは，当事者が一番よく知っているからである．上司や委員会が対策を考えると，当事者がハマったワナはともかくとして，正しいことだけを言って対策としてしまうからである．失敗した理由はともかくとして，とにかくこうしなさい！といった内容になってしまうのである．今回だって当事者は正しい作業方法は知っていたし，正しいことをしているつもりだったのに失敗しているのである．絶対に何らかのワナがあったのである．そのワナに対策を打たないとこれからも何回でも起こるのである．

さて，先ほどの役に立たないヒヤリハット報告書を再度見てほしい．当事者からのコメントは，まるで委員会からのコメントのコピーである．当事者は，なぜ自分が最後にコメントを書くのかがわかっていないのである．

このように，書類を回覧するという作業や，回覧の順番という作業手順だけは伝承されていて，なぜそれをやっているのかという一番大切な理由や意義，すなわちその活動や作業の設計根拠はまるで伝承されていないのである．

何のためにやっているかわからなくなった活動や仕事を，社員はやがて「雑用」と呼ぶのである．筆者は長年会社勤めをしていたが，「雑用」と呼ばれている仕事が成果をあげたためしを見たことがない．やらされている社員自身が雑用だと思っているのだから，何も工夫しない，やり方を変えようともしない．

例えば上司から，「あなたは2年間，安全衛生委員会の委員を兼務しなさい」と命令されたら，何も改善せず新しい活動も始めず，やれと言われたことだけを従来のやり方のとおりに行い，ただひたすら自分の任務の2年間が終わるのを待つのである．そんな仕事が成果を出すわけがない．リーダーのみなさんにお願いがある．会社内のすべての活動に，その意義や設計根拠を取り戻してほしい．そうしなければ，会社は一向によくならない．

2.1.7　反省は美しいけど役に立つ範囲が狭い，反省は美しいけど無責任になることだってある

報告書の最後に「私自身も以後十分注意します．申し訳ありませんでした」とある．

筆者は反省してはいけないと不謹慎なことを言っているのではなく，反省することが最重要で，本人が反省したらそれで幕引きという考えが間違っていると言っているのである．これは日本のマスコミが作り上げた悪しき風潮のように思える．産業界や政界でなにか不具合があるとすぐに，「責任者出てこい！謝れ！反省しろ！」といったように責め立て，責任者がテレビカメラの前で頭を下げて辞任するとその件は語られなくなる，といった具合である．つまり責任追及だけで終わり，原因究明はまったく行われなかったのである．

本書の最初に書いたように，われわれが産業界で対象にしているのは事件ではなくて事故である．誰もわざとやったわけではない．責任追及しているわけではないのに，「謝って終わり」では論理矛盾である．このように本人が反省しただけで終わってしまうと，次の２つの不具合がある．

その１つは，「反省は美しいけど役に立つ範囲が狭い」ということである．この看護師が失敗したにはそれなりの理由，失敗しても致し方なかったワナがいくつもあったはずである．それらを全部奥歯でかみしめ，決して語ることなく，口から出るのは「全部，私の確認不足でした，申し訳ありませんでした」という言葉だけである．

言い訳をせず，すべてを自分の落ち度にして頭を下げるのは日本の美しい文化であるが，これでは困る．反省して成長したのは本人だけなのである．そのワナを教えてくれないと次の日からまた他の人やかわいい後輩が同じワナにハマり続けるのである．反省だけで終わられると，今回の失敗やヒヤリハットが，我が社のシステム改善にまったく貢献しない，あなたのかわいい後輩の教育にまったく有効活用されないのである．反省は本人の成長には必要であるが，反省して成長するのはワナを知っている本人だけ，つまり役に立つ範囲がものすごく狭いのである．

もう１つの不具合は，「反省は美しいけど無責任になってしまうことだってある」ということである．

例えば，ベッドがたくさん並べられている広い透析治療室において，看護師が１人で治療に立ち会っていたとしよう．透析治療中にその広い部屋の中で互いに離れた場所にある２カ所のベッドで緊急アラームが同時に鳴った．あなたが看護師ならこの事態を何とかできるだろうか？どう考えても１人では対応不能である．ところが出てくるヒヤリハット報告書には，「私の努力不足でした，申し訳ありませんでした」と記載されるのである．そんなことを書く看護師は，いつか目の前で患者が亡くなるのを見送ることになる．「この件はあなた１人の努力では何ともならないんですよ，ヒヤリハットを経験したときに論理的な対策を打っておいてください！」と言いたくなる．

このように，本人の努力や反省では解決しないことを，反省だけで終わってしまうと無責任になることだってあるのだ．

このように，一見もっとも風なよくあるヒヤリハット報告書は，まったくもっともではなく，結果論や論理矛盾のかたまりであり，対策は役に立たない「がんばれ精神論！」であったことに気づいていただけただろうか．このような「ヘッポコヒヤリハット」を即座に見抜けるように，論理性の訓練を今日から始めてほしい．

2.2　役に立つヒヤリハット報告書

動機的原因を別の言葉でいうと「言い訳」である．成功したことの動機的原因を言い訳とは呼ばない．結果が不具合だったと決定していることの動機的原因を日本人は「言い訳」と呼ぶのである．もちろん筆者も，「言い訳するな！」「言い訳はいけないことだ！」という日本文化で教育され育った．それでも声を大にして，「言い訳を書き残せ」と言うのである．どうか我慢して以下の説明を読んでその重大な意味をご理解いただきたい．

看護師が言い訳たっぷりでヒヤリハット報告書を書くと以下のとおりとなる．なお，前半の事実経緯の部分は前記のものを短くまとめただけなので説明は省略する．後半の言い訳に着目してほしい．

言い訳たっぷりのヒヤリハット報告書

○月×日，午後0時45分ごろ，看護師は入院患者AさんとBさんを昼食のために食堂に連れて行く．食前薬を手渡す際に，まず誤ってAさんにBさん用の薬を手渡した．それに気がつかず，次にBさん用の薬が見当たらないので薬局に探しに行っている間に，AさんがBさんの薬を服用するところだったがぎりぎり間に合った．

(今思えば，Aさんに)薬を手渡す際に**「Bさんですね」と問いかけたところ，「はい」と答えられた**ので安心して渡してしまった．よく考えれば，AさんもBさんも**ご老人でお顔がよく似ておられた**ことに加え，お2人とも入院したてであったため，看護師は**お2人の顔も名前も完全に覚えていたわけではなかった**．さらに**お2人とも耳が遠く，運が悪いことに入れ歯を外されていた**のでなおさら区別がつきにくかった．間違えたときは回収優先であることを知ってはいたが，**まさか間違って手渡したとは思いもしなかった**のでBさんの薬が出ていないのではないかと薬局に確認しに行ってしまった，この確認に行った行動が悔やまれる

2.2.1　エッセンス1：「動機的原因を書き残せ，フィクション大歓迎」

ここでもう一度「失敗」という言葉自体の定義を思い出してほしい．失敗とは，「正しいことをしているつもりだった，にもかかわらず意に反してその行動が望ましくない結果を引き起こした．このときの正しいことをしているつもりだった行動」である．これが後に失敗あるいは失敗行動と定義されるのである．つまり，事件や犯罪ではないのだから，本人は正しいと考えて行動している．そしてそのとき，なぜその行動が正しいと考えたのかが動機的原因である．

(1)　動機的原因：なぜその行動が正しいと考えたか

まず，今回の失敗行動は，「看護師がある患者にBさんの薬を渡した」ことである．次に，なぜその行動が正しいと考えたか，上記の太字で示した言い訳を日常用語で箇条書きにすると，

動機的原因＝言い訳＝その行動が正しいと考えた理由
①「Bさんですね？」って聞いたら「はい」っていったんだもん
②　お顔を見てBさんだと思ったんだもん

というように，行動したからにはやはりそれが正しいと考えた理由があったのである．さらに，正しいと考えて行動したのにその動機的原因が通用しなかった理由を分析すると，それこそが今回看護師がハマったワナとなる．

今回ハマったワナ＝正しいと考えた理由が通用しない理由
①　耳が遠いお年寄りは聞こえていなくても「はい」と答える恐れがある
②　お年寄りのお顔はよく似ている
②　入院患者の顔を覚えていたつもりだったが，間違えて覚えていた
②　入れ歯を外せば別人のように顔が変わってしまう
●　間違いに即座に気がつくなら，誰も間違いを起さない

上記の①はお返事を使った確認に関する言い訳とワナ，②はお顔を見て行う確認に関する言い訳とワナである．●印は今回のワナとは無関係であるが,「間違えたら○○せよ」という論理矛盾のマニュアルが多くの会社で見られるので書いておいた．

このワナを読んだ読者のみなさんも同意していただけるだろう．質問が聞こえていない場合，お年寄りでなくても日本人は「はい」と答える場合がほとんどである．聞こえていないときに「いいえ」と答える日本人はまずいない．日本人はとりあえず「はい」と答える人が圧倒的に多いのだ．今回この患者さんは「はい」と答えている．

このワナこそ書き残して後輩に伝承しなければならない．お年寄りの「はい」で確認したつもりになるな！ということを書き残しもしないで,「全部私の確認不足でした，以後十分注意します」と反省だけを書き残しても，後輩が同じワナにハマり続ける．

反省は美しいけど役に立たない，といった意味がよくおわかりいただけただろう．

では，お顔を見てBさんだと判断すればよいかというと，それもあやふや

である．若い人から見れば90歳を過ぎてしわだらけのお年寄りのお顔はとてもよく似ている．また，100人もの入院患者がいるうえに，毎日毎日入退院により患者は入れ替わるので常時完璧には覚えていられない．仮に記憶力のいい人でも，人間である限りいつか必ず記憶違いを起こすし，入れ歯を外してしまえば記憶していた顔から変化してしまうのである．

(2)　ヒヤリハット報告書には，ありそうなことはどんどん書け

実はこの言い訳たっぷりのヒヤリハット報告書の中の，入れ歯の件は筆者が考えたフィクションである．実際には入れ歯の件は起こっていないし，看護師は入れ歯の話はしなかった．

そもそもヒヤリハット活動の意義や目的をご存じだろうか？会社で先輩から，「ヒヤリとしたとき，ハッとしたとき書けばいいんだよ！」と作業だけを教わったのではなかろうか？ヒヤリハット活動も，作業やマニュアルだけが伝承されて設計根拠が伝承されていない，だから形骸化し雑用と呼ばれるようになるのだ．

ヒヤリハット活動の意義は，「机上で書類上の仮想失敗を先に全員が経験しておくことによって，本当にその失敗をしなくて済む」ことにある．

もともと相手にしているのは仮想失敗であり，未遂であり，起こっていないのだ．ヒヤリハット自体がもともとフィクションなのである．そうならば，フィクションを書かないほうがおかしいのである．言い訳に関して，当事者がそのとき本当にそのように考えたか否かはそんなに重要ではなくて，本当でなくてもありそうなことはどんどん書いてほしい．今風に言えば「あるあるゲーム」である．それを全員が読んでおけば，あなたの会社はその失敗だけはしなくて済むのだから．

品質保証部の人が現場にヒアリングに行く際「本当のことを調査しに行く」という考えや，当事者に向かって「本当のことを言ってください」と詰め寄る態度は若干間違っている．われわれは検察や警察ではないのだから，われわれがやろうとしていることは，真実の究明ではなくて，今後起こるかもしれないリスク指数が高いことを止めたいということである．今回の不具合事象を未然防止に有効活用したいのであって責任追及をやっているわけではない．そうだ

とすれば，100歩譲ればその言い訳が本当でなくてもいいではないか．いかにもありがちなことを言ってくれたら，1個対策を打てる．1億円儲かったではないか．

もちろん，今回起こったことは起こりがちだ(起こる確率が高い)から起こったのである．しかも真実は人間が想定できない巧みなストーリーを教えてくれるのでとても参考になることは間違いない．それでも，主目的はリスク指数が高い未来の不具合事象を止めたいということであるから，目的の順位付けを間違えないでほしい．聞いた人が,「なるほど，それはハマるよね」と思える言い訳ならば，本当に当事者がリアルタイムでそのように考えたわけではない話であっても十分有効活用できるのである．フィクション大歓迎である．

ここで，筆者は重要な弁明をしておく必要がある．講演後に受講者から「言い訳なんてとんでもない，お客さんや患者さんにありもしなかったフィクションを語ってはいけません！」とお叱りを受けることがある．こういう人は,「言い訳」を「言い逃れ」と勘違いしている．言い訳を責任逃れに使うと言い逃れになるが，もともと責任追及をしていないのだから，この場合，言い逃れとは無関係である．

また筆者は，会社が不具合事象に関して記者会見を行うときに視聴者に向かって，あるいは現場でお客さんや患者さんに向かって，言い訳をしろとか，フィクションを語れとは言っていない．そのようなときは真実を語るべきである．ここで議論しているのは，ヒヤリハット報告書や品質不具合報告書という会社の中だけで使う，会社を発展させるための書類の話である．お客さんや患者さんが読まない書類において，フィクション大歓迎と主張しているのである．

(3)　言い訳こそ動機的原因

どうしても言い訳やフィクションという言葉を使いたくない人は，言い訳を動機的原因，フィクションを想定と言い替えてほしい．この2.2節で述べてきたとおり，結果が不具合と決定していることの動機的原因こそ言い訳である．つまり，まさに言い訳と失敗の動機的原因はイコールである．また，フィクションと想定もほぼイコールである．

ただし，あり得ない話を語っていては役に立たない．筆者がいうフィクションとは，今回は起こっていないけどありそうな話(リスク指数が高い話)，これをフィクションと言っているのである．動機的原因や想定という言葉は難しいので，難度を下げるために筆者は言い訳やフィクションという言葉を使っていることをご理解いただきたい．

このように，失敗行動を定義し，その行動をした理由，すなわち言い訳を書き残すとそれがそのまま「動機的原因＝そのときその行動が正しいと考えた理由」となる．さらに，その動機は一見正しそうに思えるのに，うまくいかなかったのであるからそこにワナがある．このように分析すると「今回ハマったワナ＝その正しいと思った理由が通用しなかった理由」をあぶり出せるのである．

2.2.2　エッセンス２：「上位概念に登れ」

(1)　動機的原因から失敗のカラクリ(上位概念)へ

ここまでの分析を，時系列のストーリーにしてていねいに書くと以下のとおりとなる．

①　お返事を使った確認に関するストーリー

動機的原因：ある患者に「Ｂさんですね？」と聞いたら「はい」と答えたので
失敗行動：看護師がその患者にＢさんの薬を渡したら
今回のワナ：耳が遠いお年寄りの入院患者は，聞こえていなくても「はい」と答えるので
不具合事象：食堂で配薬ミスのヒヤリハットが起こった

②　お顔を見て行う確認に関するストーリー

動機的原因：お顔を見てＢさんだと思ったので
失敗行動：看護師がその患者にＢさんの薬を渡したら
今回のワナ：入院患者の顔を覚えていたつもりだったが，間違えて覚えていたので
不具合事象：食堂で配薬ミスのヒヤリハットが起こった

ここまでで，お返事確認とお顔確認は確認になっていないことがわかった．

しかし，ここで考えを止めてしまっては，この話は食堂で薬を配る際にしか使えない，つまり本件とまったく同じ事例にしか使えない話となってしまう．そこで，上位概念に登ることが重要となる．

筆者がいう上位概念化とは一般化のことである．

一般化を抽象化とは考えないほうが無難である．抽象化という言葉の定義はさまざまであるが，多くの人は「ぼかすこと」というイメージをもっている．ここでいう一般化は，「ぼかせ」と言っているのではなく，「広い範囲で成り立つ話にせよ」ということである．別の言い方をすると，属性を外せ！とも言える．

先ほどの今回のワナの文をもう一度書くと，

①　耳が遠いお年寄りの入院患者は，聞こえていなくても「はい」と答える

②　入院患者の顔を覚えていたつもりだったが，間違えて覚えていた

これらの文は医療の匂いがプンプンする．つまりこの文自体が医療分野に所属する性質が強すぎるので，産業分野の人が見ると「私には関係ない」と考えてしまうのである．これでは人の振りを見られないし，我が振りを直せない．そこで，これらの文から医療の属性を外してみよう．医療用語を消したり，関連事例を思い浮かべながら一般単語と入れ替えたりすればよいだけである．

①のお返事確認の話は入院患者でなくても同じことが言えるし，耳が遠くなくても同姓同名，一文字違い，同音異義語などではいとも簡単に間違える．これらは音声確認だからである．聞く側と答える側がともに音声を使って確認しているのである．文字で見て視覚情報で確認すれば間違いははるかに起こりにくいが，音声は実にあやふやである．

②の話も入院患者でなくても同じことが言えるし，お顔でなくても，どんな情報でも記憶はエラーを起こすのである．今，食堂で見ている患者の顔は視覚情報だが，それと突き合わせたのは「B さんは確かこのお顔だったわね」という看護師の記憶である．記憶もまた実にあやふやなのである．確認したつもりになっているが，実は確認になっていなかったのは記憶確認だったからであり，それに気づいていなかったというワナである．

そこで，これらのワナを次のように上位概念化する．

①　音声確認は聞き間違いや言い間違いがあるので確認になっていない

②　記憶確認は記憶がエラーを起こすので確認になっていない

いかがだろうか，わずかではあるが上位概念化したことによって，これならば産業界でも大いに関係ある話になったであろう．

(2)　失敗のカラクリを使って想定する

失敗のカラクリがわかったら，その言葉を使って想定するのである．この場合，会社の中の音声確認と記憶確認を探せ！という頭の使い方である．会社の中で，音声だけで行われている伝達，指示，確認を探して見直すべきである．

音声確認を探せ！と言っているのに，当病院では患者に名前を言わせるから本件のような間違いの心配はないという看護師がいるが，同姓同名，一文字違い，同音異義語などを考えると，看護師だって聞き間違える．患者に名前を言わせてもやはり音声確認であって何も解決していないのである．日勤から夜勤への申し送りはどうだろうか？音声だけで行っているとしたらとてもリスクが高い．

例えば，製作図面の右下に書かれている部品欄の中に書いてある数多くの材料記号を，部品欄だけを見て確認チェックしているのではないだろうか？書かれている材料記号は目で見ているが，それと突き合わせた情報はあなたの記憶ですよ．あなたの記憶は一生100点満点が続くのですか？と心配になるべきである．

このように，上位概念化すれば未来の他の事例(未来の不具合事象)を想定できる．お返事確認という今回のワナから，音声確認という上位概念が導かれ，申し送りの際の伝達ミスを想定できた．お顔確認という今回のワナから，記憶確認という上位概念が導かれ，そこから部品欄の材料記号に関する不具合事象を想定できたのである．この申し送りの際の伝達ミスや材料間違いを，実際に起こる前に防げば未然防止ができるのである．

『広辞苑(第六版)』によると，「確認とは確かにそうだと認めること」と定義されている．したがって，音声や記憶を使ったものは，確かにそうだと認められないので，そもそも確認にはならないのである．一番確かな情報は視覚情報である．そうだとすれば，「確認作業とは，視覚情報と視覚情報を，同時同場所で突合すること」と定義してもいいかもしれない．

(3)　さらに高度な上位概念化

別の表現でも考えてみよう．音声確認もお顔確認も確認になっていないならば，ベッドから離れたらもはや患者識別不能なのである．なぜベッドかというと，ベッドには名札がついているから，誰が見てもそこに寝ている患者が誰なのかはわかる．そのベッドから患者が一歩でも離れてしまったら，もはや視覚確認の道具がない．そこで，①と②をまとめて，次のストーリーで以降説明を続けることにする．

> 動機的原因：お顔とお返事でＢさんだと思ったので
> 失敗行動：看護師がある患者にＢさんの薬を渡したら
> 今回のワナ：ベッドから離れたらもはや患者識別不能だったので
> 不具合事象：食堂で配薬ミスのヒヤリハットが起こった

この今回のワナも上位概念化してみよう．この文の中で，医療分野に所属する性質が強すぎる単語は２つしかない．ベッドと患者である．それらを一般単語に入れ替えればよい．

まず，ベッドという単語から考えよう．ベッドがあっても定位置が決まっていても，何かがないとそこに寝ている患者が誰なのかはわからない．重要なのはベッドではなくて名札やラベルである．今回の事例では名札やラベルがベッドについているから，まずはベッドと表現するが，そこで止まると医療界の事例の話にとどまってしまうのである．

次に，患者という単語を上位概念化してみよう．名札やラベルは，それが何者かを表す象徴に過ぎない．患者はその象徴に対応する肝心要の本体と言い換えることができる．

何事も「本体とラベルで１セット」という概念は誰でも認めるだろう．製品や部品という本体には，必ず型式，ロット番号，製品名などを表すシールやバーコードというラベルが貼られている．

そうすると，次の上位概念が生まれる．

失敗のカラクリ＝今回のワナの上位概念：「本体とラベルを分離したら本体識別不能」の法則

この文からは医療の匂いはしない．医療界で役に立たなくなったのではなくて，医療界を含め産業界でも大いに役に立つ話に変わったのである．しかも，どこもぼかしてはいない．ぼかすどころか，広い範囲で役に立つ重要なことをわしづかみにしたとも言える．抽象化ではなくて一般化であるといった意味がおわかりいただけただろう．失敗のカラクリは，失敗のメカニズムと言ってもよい．失敗が起こるメカニズムを解き明かしたのである．

⑷　成功のカラクリは失敗のカラクリの論理的反転

さて，失敗のカラクリを解き明かしても会社は１円も儲からない．次に，対策系，是正系へもって行こう．失敗のカラクリを言えれば対策系を考えるのは簡単である．失敗のカラクリを論理的に反転すればいい．このメカニズムで失敗が起こるのだとわかったのだから，それが起こらないように考えればよいから簡単である．それが成功のカラクリである．

失敗のカラクリ：「本体とラベルを分離したら本体識別不能」の法則
を論理的に反転すると，

成功のカラクリ：「本体とラベルを分離するな，本体にラベルを付けておけ！」
となる．

2.2.3　上位概念から下位概念へ

「本体とラベルを分離したら本体識別不能」の法則という失敗のカラクリから，再び未来の不具合事象を想定してみよう．会社の中で，本体とラベルが分離する恐れがある物を探せばよいのである．

例えば，棚にラベルがついていて，しっかり部品識別されている部品棚から部品を１つもち出した瞬間に，完全に分離したのである．残ったラベルは記憶のラベルだけで，そこには記憶確認のワナが待ち構えているのだ．

また，似たような材料が並んでいる材料棚には，バンドで束ねた金属棒の材料が置いてある．バンドには材料記号の札がついているが，１本もっていくときにそのバンドを切ってしまったら，もっていくその１本にはラベルはついていない．それが最終的に異材混入という不具合事象につながるのだ．

さらに，医療界では，患者を手術室に連れていくときに，ラベル付きのベッドからラベルのないストレッチャーに移し替えた瞬間に本体とラベルは分離する．同時に複数の患者を手術室に連れていこうものなら，手術患者取り違えが起こるかもしれない．

また，人工授精後の受精卵は，一定期間シャーレに入れて培養する．そのシャーレのフタには患者ラベルがついているが，シャーレのフタをあけた瞬間に本体とラベルは分離する．複数の患者のシャーレを同時に扱おうものなら，受精卵取り違えが起こるかもしれない．

さらに，血液検査のときに使う，真空採血管に関しても同じようなことが言える．患者から注射器で採血した瞬間に，ラベルが付いた患者から本体の一部である血液が分離する．その血液にはラベルはついていない．真空採血管に血液を入れた後に，患者ラベルを貼り付けるという手順で作業を行っていると，複数患者の採血を同時に行えば検体取り違えが起こるかもしれないのである．

これらの医療界の事例は昔似たようなことがあり，実は筆者が想定したものではないが，食堂における配薬ミスから，まったく別の不具合事象のことに思いを馳せることはできたのである．実際にあったか否か，その事故の真相が，本当に筆者が述べたようなストーリーだったか否かは重要ではなくて，自分の組織では経験したことがない不具合事象，まったく別の不具合事象を想定できることが重要なのである．

まさにフィクション大歓迎である．それができるということは，失敗のカラクリの言葉に展開力，想定力があるということである．想定しないことには未然防止はできない．想定するために上位概念に登ってほしい．

このように「本体とラベルを分離したら本体識別不能」の法則という上位概念から，当社がまだ経験したことがない不具合事象を具体的に想定できた．それを未然に止めれば未然防止ができる．

そこで，上位概念から未来の不具合事象へ，つまり上位概念から下位概念へ降りてこなければならない．当事業部の過去の不具合事象から生まれた上位概念や，他事業部で生まれた上位概念を我が事業部にもってきて，「この上位概念に相当する不具合事象が我が事業部で起こるとしたら？」と考えるのである．上位概念化するときに属性を排除したのであるから，下位概念に降りるときの頭の使い方は，「属性を付けよ！」である．

例えば,「本体とラベル」という言葉に,「容器」という属性を付けて連想ゲームをすると,「真空採血管の取り扱い手順がおかしいぞ！検体取り違えが起こりそうだ」とか,「部品」という属性を付けると「部品棚から部品をもち出した瞬間にアウトだ！」とか,「材料」という属性を付けると「あの材料倉庫で異材混入が起こりそうだ！」というように，未来の不具合事象を具体的に語ることができる．そして，それが起こる前に対策を打つのである．

2.2.4　未然防止は「失敗の発明」

再発防止と未然防止を混同している会社が多すぎる．一度起こった不具合事象を再び起こる前に止めるから未然防止である，という考えは間違いである．それは再発防止である．

まだ経験したことがない未来の不具合事象を起こる前に止めるのが未然防止である．未然防止をするためには，経験したことがない不具合事象を，それが起こる前に発明しなければならないのである．そのためには概念の上下動が必要なのだ．

また，具体的な対策を打つときにも下位概念に降りなければならない．成功のカラクリは対策の上位概念であって，具体的な対策ではない．この成功のカラクリを具体的な対策に落とし込む，つまり下位概念(不具合事象)へ適用する必要がある．

対策を考えるのが難しいと言う人がよくいるが，そのような人の多くは失敗のカラクリを考えていないのだ．失敗のカラクリがわかっていないのに対策を打てるわけがない．失敗のカラクリを考えないで対策を考えると,「(ハマったワナはどうでもいいから,)とにかくこのマニュアルどおりにしなさい！」とワナを放置して正しいことだけをいう対策になってしまう．例えば,「薬を配るときはよく確認するよう，再度全員に周知徹底せよ」「所定の場所に人工呼吸器を置いたら，いの一番にコンセントを刺しなさい」となってしまうのである．そこには，よく確認しているつもりでも人間がハマりがちなワナは放置されているので，別の人が何回でもハマるのである．

成功のカラクリが,「本体とラベルを分離するな，本体にラベルを付けておけ！」であるから，それを食堂での配薬ミスの不具合事象に適用すると，この件の具体的な対策は「ベッドから離れるときは，患者にラベル(名札)を貼り付けろ」である．

真空採血管の件に適用すると，採血した血液にラベルがない状態を１秒も作らないためには，真空採血管に先にラベルを貼っておいて，患者からダイレクトにラベル付き真空採血管に血液を移すという手順にするべきである．

もちろん近年の病院では，患者にはバーコード付きのリストバンドを付けていたり，真空採血管の取り扱い手順もすでに筆者が述べたような手順になっていたりする．この具体的対策を読んだ医療界の方は，そんなのあたりまえだ！と言わないで，考え方や対策の導出の仕方を学んでほしい．

2.3　概念の上下動のイメージ図と上下動のコツ

2.2.2 項の「上位概念に登れ」と，2.2.3 項の「上位概念から下位概念へ」で述べた概念の上下動をイメージ図にしたのが図 2.1 である．

スタート地点は図の左下で，そこに部下がいるとしよう．我が社で不具合事

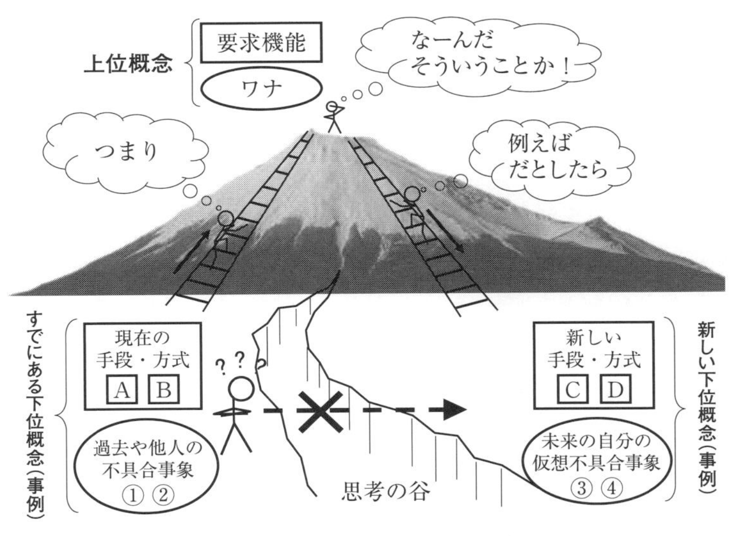

図 2.1　概念の上下動のイメージ図

象①②が起こった．その再発防止だけではなくて，「未だ見ぬ未来の不具合事象③や④も防止せよ！」と部長に命令されたとする．部下は過去や今回の下位概念(不具合事象)①②から，未来の下位概念(不具合事象)③④を想定しようとするが何も思いつかない．想定できるわけがないのだ．そこには思考の谷があって，一見関係がない不具合事象を想定するのはとても難しいのである．

そこで連想ゲームの登場である．人間がアイデアを出すときの頭の使い方は連想ゲームしかない．当然のことながら連想ゲームはいつもきっかけの言葉から始まる．きっかけがなければゲームはスタートしない．今，手に入っているきっかけの言葉は①と②である．この①②を上から目線で見降ろして，「つまり，今回の配薬ミスは本体とラベルを分離したことが原因でしたね」と言った瞬間に頂上に登ったことになる．登ったら次は，「例えば」と言いながら別の場所に降りていこう．「だとしたら，例えば，採血容器の取り扱い手順が危ないぞ！」という具合である．

人間は上位概念に登るとき「つまり」，下位概念である事例に降りてくるとき「例えば」という言葉を使うのである．このように「つまり，例えば，つまり，例えば……」と言いながらジグザグ歩きをして，関係ある部署へ，関係のない部署へ，技術屋から事務屋へ，設計から品証へ，と部署や職種を超えてどんどん活用範囲を広げていくこと，これが本当の水平展開である．産業界は水平展開・横展開という言葉が大好きで,「水平展開しなさい」「横展開しなさい」と簡単にいうが，水平展開が本当に水平に展開すると思ったら大間違いである．「つまり，例えば」をやらない限り，部署や職種や扱っている製品が違う，よその話は使えるわけがないのである．「つまり，例えば」で概念の上下動をして，本当の水平展開をしてほしい．

ここまで，概念の上下動のコツとして，「属性を剥いだり付けたりする」「つまり，例えばという言葉を使う」という話をした．それでもまだ，概念の上下動は難しいと感じている読者もおられるだろう．そこで，概念の上下動のコツをもう１つ紹介しておく．お笑いで行われている「なぞかけ」である．

なぞかけの達人は，司会者から連想ゲームのきっかけの言葉①を与えられ，あっという間に「①とかけて，③ととく，そのこころは，どちらも○○が××である」と言うのである．これを聞いた人は「あ～，なるほどね～，うまい！」と思い，ここで拍手喝采となる．配薬ミスの場合でいうと，「食堂での配薬ミスとかけて，採血容器は危ないととく，そのこころは，どちらも本体とラベルが分離する恐れがございます」となる．

さて，このなぞかけの達人は本当にしゃべった順番のとおり，「①，③，こころ」の順番で考えたのだろうか？①と③という関係のない言葉を先に決めておいて，後からそれらの共通点を探してこころの言葉を作るのはきわめて難しい．おそらく頭の中の手順は次の手順ではなかろうか．

与えられたきっかけの言葉①からダジャレを考えて「こころの言葉」を先に用意しておく．次にその「こころの言葉」からもう一回ダジャレを考えて③を作る．そして人に説明するとき，「①とかけて，③ととく，そのこころは……」と言うのである．つまり，しゃべったのは「①，③，こころ」の順番だが，考えた順番は，「①，こころ，③」ではないかと筆者は考えている．読者も，一度この順番でなぞかけをやってみてほしい，意外と簡単にできるはずだ．

さてこれを，ダジャレでやるとなぞかけになってしまうが，知識でこれをやると水平展開になるのである．この知識のなぞかけを読者のみなさんは20回～50回程度訓練してほしい．

2.4　知の構造化・体系化

先ほどの山登りの図2.1(p.47)は，実は樹形図になっていることに気づいておられるだろうか？これは第1章で説明した樹形図，樹木図，トーナメントの図1.3(p.21)そのものである．図1.3に追記して新たに図2.2に示す．

知識の「知」，つまり知っているということ，覚えているということは，バラバラに覚えていてもさほど有用ではない．覚えて済ませるという勉強の仕方では，覚えたこととドンピシャのことに遭遇しない限り役に立たないのである．何でもかんでも，バラバラに覚えて済まそうとする勉強は，高校生の受験勉強で終わりにしてほしい．

「知」は，構造化・体系化されたときに大きな威力を発揮するのである．その構造化・体系化の正体は樹形図である．失敗学に限らず，この頭の使い方ができるようになると，とても優秀な社員となる．初めてのことでも連想ゲームを使って最適解を探し出せるようになるのである．

不具合事象に関して樹形図(図 2.2)を説明すると，樹形図の下に行くほど不具合事象＝結果系，上に行くほど失敗のカラクリ＝ワナ＝原因系，下に行くほど属性が強い，上に行くほど属性が弱い，下が下位概念，上が上位概念，となる．

みなさんが日頃相手にしているのは，一番下の不具合事象であって，その業種のその職種の人がその作業をやったときだけ起こる話である．この階層の話をしている限り，属性が強すぎて他の不具合事象には当てはまらないから想定も未然防止もできない．さらにその不具合事象の直前のところで止めようとするから，対症療法となり，1 万通りのチェックリストができてしまうのである．

人間がハマったワナ，原因系を考えれば，実は他の不具合事象でも同じワナにハマっているのである．このように，共通点があるところまで登らないと，隣の下界には降りていけないのである．

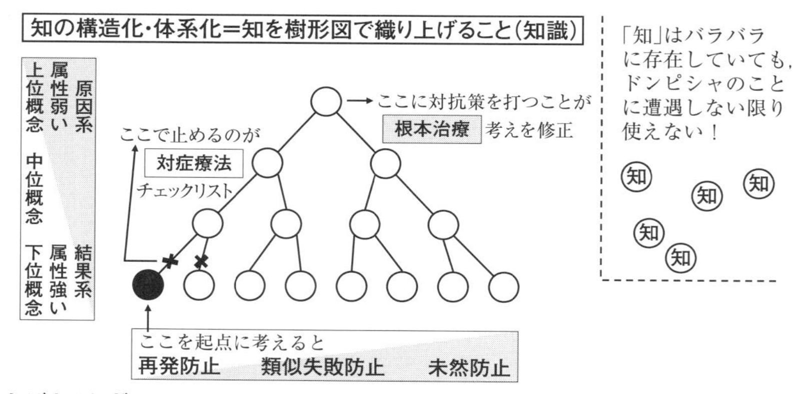

上れば上るほど
- 理解しておくべき知の数が減る，遠い分野の失敗も止められる，応用が利く，展開範囲が広い
- はしごの長さが長くなるので概念の上下動には訓練が必要

下がれば下がるほど
- ドンピシャのことだけは止めてくれる，考える必要がなく作業だけはできる
- 覚えておくべき事例やマニュアルの数が爆発的に増えていく，応用が利かない，想定外が起こり続ける

図 2.2　不具合事象に関する概念の上下動

2.5 「対比・類比・因果」と「正・反・合」

樹形図の頭の使い方を別の表現で説明してみる．

「対比・類比・因果」という言葉がある．近年，テレビのバラエティ番組で有名予備校講師がこの言葉を説明してネット上で少し話題になった．今となっては誰が作ったのかはよくわからないほど昔からある方法論である．この強力な方法論をテレビで多くの人に向かって説明してくれた予備校講師に感謝感激である．

「対比・類比・因果」の出所はおそらくここではないかと筆者が考えているのが，「正(せい)・反(はん)・合(ごう)」である．これは間違いなく1700年代に哲学者ヘーゲルが作った方法論で，弁証法と呼ばれている．「対比・類比・因果」と「正・反・合」は同じことを言っている．

今からこれらを，樹形図で説明する．これらの話が概念の上下動のコツになれば幸いである．図2.3(a)を見ていただきたい．今，1のことを考えているとしよう．物事を考えるときに1つのことだけを考えていると発展がない．

そこでまず，わざと対抗馬3をもちだすのである．1と対抗するものという意味で対抗馬という表現をした．1と対抗するものという発想でもいいし，1ではないものという発想でもかまわない．1と対抗するもの，あるいは1ではないものと考えたのだから，1と3は何が違うのかはすぐに言えるはずである．その違うところを明確に説明する．

これが「対比」という頭の使い方である．1と3の違いを明確に説明してみるだけで，考えは格段に進む．

次に，今違うと言ったけれど1と3は何か似てるよね〜，と無理やり考えて1と3の類似点を探すのである．

これが「類比」という頭の使い方である．その時点で，樹形図の一段上の2が手に入り，構造化ができたのである．「1と3は違う下位概念に見えたけど，2という見方では同じことだったんだ」と気づけるのである．構造化できただけでも，整理ができて覚えておくことが減ったのでお手柄である．

さらに，「2」と「1，3」との間の関係が「因果」である．上の段と下の段は因果関係で結ばれている．この因果関係を積極的に使ってさらに想定事象4を

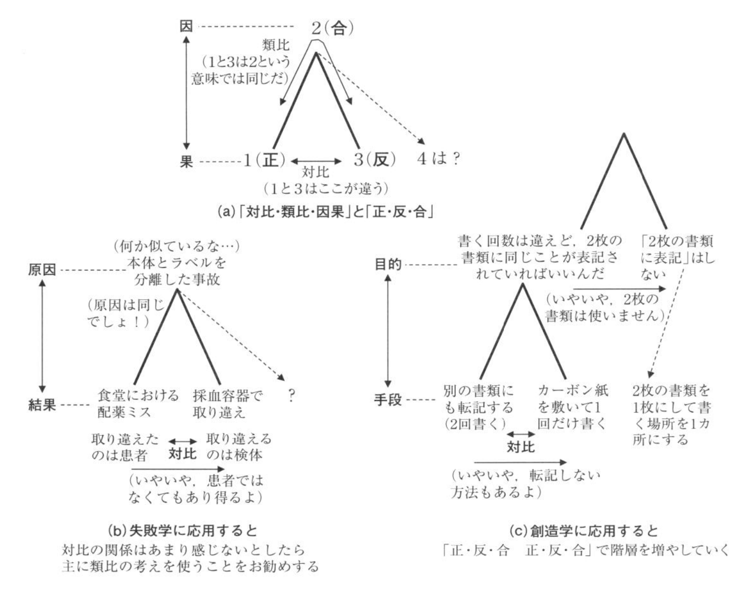

図 2.3　「対比・類比・因果」と「正・反・合」

探しに行くのである．

失敗学でこれを使うと，例えば(図 2.3(b))となる．食堂における配薬ミスを経験したとしよう．変な言い方で若干不謹慎だが，想定だからお許し願いたい．「配薬ミスは患者を取り違えたよね．別に患者じゃなくてもあり得るよ！」という対比の考えから，「採血容器で検体取り違え」という不具合事象を想定できた．次に「取り違えるものが全然違うから，別の不具合事象だといったけれど，この２つの不具合事象は何か似ているよね」という類比の考えから,「そうか，本体とラベルを分離して取り違えるという意味ではこの２つは同じだ」という上位概念が生まれた．これらは，結果は違えど原因(ワナ)は同じだったんだと，構造化ができたのである．この上位概念を使って，別の不具合事象を想定すればいいのである．

失敗学でこの考えを使うときは，下位概念の不具合事象１と３は，単に別の事象だというだけであって対抗するという考え方では発想しにくいと言う人もいるかもしれない．それならそれでかまわない．自分に合った頭の使い方を探して武器にすればいいのだ.

では,使い方を変えてみよう.不具合事象分析の数をこなしていくうちに,「あっ!今回の1の不具合事象,以前分析したとき上位概念に登れなかったあの3の不具合事象と何か似ている!」と類比から気づくことも多い.そして,1と3の類似点を考えてみると,「そうか,私が1と3が何か似ていると感じたのは,本体とラベルを分離しているということだったのか」と上位概念2が生まれてもいいのである.つまり対比を積極的には使わない方法である.筆者はこの気づき方をすることも多い.

因果関係にはいろいろある.例えば,原因と結果という因果関係で樹形図を組むと失敗学となり,目的と手段という因果関係で樹形図を組むと筆者の創造学となるのである.創造学は,アイデアを出すとき,発想・発明するときの頭の使い方である.

先ほどの「対比・類比・因果」は,「正・反・合」と言い換えることができる.再び図2.3(a)をご覧いただきたい.今頭の中にある考えをとりあえず「正しい」という意味で「正」と呼ぶ.次にその考えとは異なるもの(対抗馬)をわざと登場させる.例えば,「その方法でなくてもこの方法でもいいんじゃない?」と別の方法を考えるのである.これが,「正」とは反する,反論を述べた,という意味で「反」である.次に,「正」でもいいし,「反」でもいいと自分で言ったのであるから,何か共通点があるはずである.この頭の使い方が「類比」であり,その共通点を見つけると間違いなく一段上の概念に登っている.その共通点は「目的」に近づいたのである.そうか,「正」の方法と「反」の方法は,「合」という目的を実現するための手段だったんだ!ということが判明するのである.これが,「正と反を合わせる」という意味で「合」である.この「合」を,新たな「正」として,再びそれに「反」をもち出すのである.「正・反・合,正・反・合……」を繰り返して,樹形図の階層を増やしていく,言い換えれば構造化・体系化していく方法が,ヘーゲルの弁証法である.

例を使って説明しよう(図2.3(c)).看護師は例えば1人の患者さんの体温を測ると,1枚目の書類にそれを記入し別の書類にも転記するということが多い.「転記」の作業がとても多いのである.その際,転記ミスが相次ぎ,看護師長は「転記ミスをなくせ!ダブルチェックだ,トリプルチェックだ!」と大変な苦労をしているのである．さて，転記ミスの対策はダブルチェック，トリプルチェックしかないのだろうか．弁証法を使って別のアイデアを探してみよう．まず体温を1枚目の書類に書き，それを「別の書類にも転記する」という今あるアイデアを「正」とする．ほとんどの場合，「転記すること」が目的だと思っていて，これが手段であることに気づいていない．そこで，「正」に対して「反」をわざと考える．「いやいや，別に転記しなくてもいいんだよ．例えば，最初に書くときにカーボン紙を敷いて，1度で2枚に同時に書いちゃえ！という「反」が生まれる．「正」と「反」の対比は，「2回書く」と「1回書く」というところが大きく異なることである．

次に，「正」でもいいし，「反」でもいいよ！と自分で言ったのだから，何か共通点があるはずだ，と「合」を考える．これが類比という頭の使い方である．すると，「そうか！書く回数は違えど，2枚の書類に同じことが表記されていればいいんだ」という「合」が生まれる．そうか，もともとそれが目的であって，転記もカーボンコピーもその下位概念の手段だったんだ，と気づく．一段上の目的が生まれたのである．

さらに，その今生まれた「合」を，新たな「正」として，これに再び「反」を考えるのである．「いやいや，2枚の書類に表記されている必要はないんだよ」と無理やり考えると，その下位概念として「そうか，もともと2枚の書類を1枚に入れたフォーマットに変えてしまえばいいんだ，そうすれば転記作業もカーボンコピー作業もいらない」という画期的なアイデアが生まれる．例えば縮小印刷や両面印刷で2枚だった書類フォーマットを1枚にするというアイデアである．

ただし，このアイデアは，もともとの2枚の書類は必ず一緒に使われるという条件が成立する場合だけ有効である．途中で行き先が異なる書類を1枚にすると別の不具合事象が起こるから要注意である．実現可能か否かは別にして，ここではアイデアの出し方として説明したことをご理解いただきたい．

転記することが目的であり必須であると考えている間は，ダブルチェック・トリプルチェックというアイデアしか生まれてこない．転記は手段だったのだ．転記自体をやめてしまえば，チェックの必要すらなくなる．まさに手間を減らして失敗も減らすことができるのである．

今ある手段から，今意識していない上位の目的へと登っていけるのである．上位の目的を言えれば下位の手段はおのずと出てくる．目的をしっかり定義できれば，発想は半分終わったも同然だ，と筆者は考えている．創造学では，手段を編み出したければ，目的を明確にせよ，さらには今意識していない上位の目的が何かを見破れ！と講演している．創造学は課題（何を実現したいか，つまり目的）を創出する方法論であり，課題こそが大発明なのである．

反論や対抗意見を唱えて議論することで真理（上位概念）に登っていく対比の技はソクラテスの問答法（紀元前）である．一方，似ていると感じるものを集めて，何が似ているのか共通点を探して上位概念に登る類比の技が，川喜田二郎氏のKJ法（1986年頃）と同じである．勝手な理解かもしれないが，問答法もKJ法もヘーゲルの弁証法（1700年代）の一部であると筆者は理解している．ヘーゲル恐るべしである．この弁証法を説明した「創造学」については，拙著『失敗学と創造学』を参照するか，日本科学技術連盟（日科技連）のセミナーを受講していただきたい．

この話，難しいよね！と感じた人はどうか忘れてほしい．難しく感じてもらうために書いたのではない．なるほどね～！と少しでも感じた人は頭の片隅に入れておいてほしい．いつかそれが実感できたとき，あなたの強力な武器になるはずだ．

2.6　アナリシスとシンセシス

さらに難しい話をするので，興味がない人は本節だけ読まないで次節へ進んでほしい．

ヘーゲルの弁証法において登場する，「正・反・合」の元の言葉はドイツ語で，「テーゼ・アンチテーゼ・ジンテーゼ」という．これらの単語の意味は，一般的には以下のとおりである．

テーゼ：命題

アンチテーゼ：反対命題

ジンテーゼ：統合

さて，図2.4をご覧いただきたい．樹形図はまさにその形になっているの

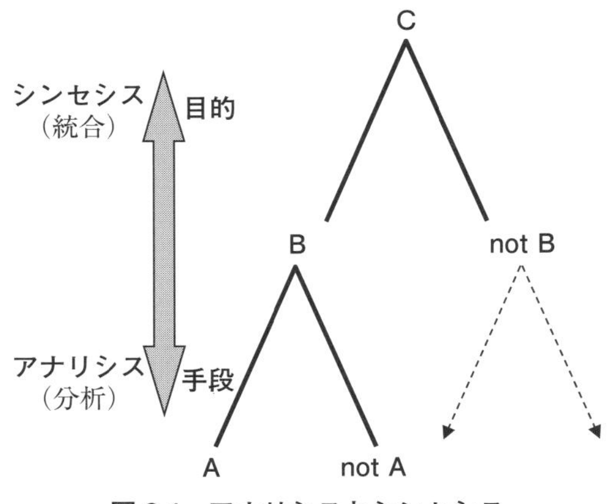

図 2.4　アナリシスとシンセシス

だ．A というアイデアがあるときに，わざと not A と反対命題を唱え，その次に A と not A を統合した B を生み出す．再びその B に対して反対命題 not B をもち出し，という具合に樹形図を構築していくのが弁証法である．

さて，このうちジンテーゼを英語ではシンセシスという．つまり，統合していく方向がシンセシスという頭の使い方，その逆方向である分析（分解バラバラ）していく方向の頭の使い方がアナリシス（分析・解析）である．つまりアナリシスとシンセシスは逆方向の演算である．

例えば，何かの発明をするときは，上へ行くほど目的へと上がっていき，下に行くほど手段へと下がってくる．今 C という目的を設定したとしよう．「C を達成するためには B 方式がある」と考えた瞬間に即座にその反対命題「B ではないもの：not B」と書いておくのだ．次に「B 方式の中には A 材料を使う手段がある」と考えた瞬間に即座に「A ではない：not A」と書いておく．こうしておかないと，考えに漏れができるのである．

次に not B って何？と具体的なアイデアを考える．そのときに，「B ではない」という言葉自体があなたのアイデア出しの大きなヒントの言葉になっているはずだ．そして最後に，書いた樹形図の中で最適解を探すのである．今回は not A と B を組み合わせて C を達成！と統合するのである．

エンジニアが行うコンピュータを使った有限要素法解析もやはり分析であ

る．「この部品形状で実用化したら何が起こるか？」をコンピュータ上で詳細に分解バラバラして計算実験をするのである．これが分析・解析である．

分析・解析の結果を見て，ではこの部分の形状をこのように変更しようと，人間が設計するのである．分析と設計は逆演算である．

コンピュータで計算するのが設計だと勘違いしている人が激増している．それは大きな意味での設計活動ではあるが，コンピュータでの計算は設計活動のうちの設計検証であり，分析である，狭義の設計とは逆演算である．

さて，図 2.4 を再度見ていただきたい．この樹形図には漏れとダブりがないのだ．C という目的を達成するための手段が B と not B であるから，「B 方式」と「B 方式ではないもの」と言っているのである．この世の中にあるすべての手段がそのどちらかに入る．つまり B と not B で完全集合なのだ．若干ずるい気もするが，確かに漏れはないし，ダブりもない．これを繰り返していくと，全体で完全集合を保ったまま，分解できるのである．

コンサルティングのマッキンゼー社の部長が作ったと言われている，ミーシーという造語がある．Mutually Exclusive and Collectively Exhaustive の頭文字をとって MECE（ミーシー，またはミッシー）である．この和訳は「相互に排他的」かつ「完全な全体集合」である．互いに排他的なものが集まって，完全な全体集合を構成しているということである．もっとわかりやすい日本語では，「ダブりなく(排他的)，漏れもない(完全集合)」ということである．もうお気づきだろう，図 2.4 の樹形図，こういうのをミーシーというのだろう．

ここまで，以下に列挙する言葉を一気に説明した．

知の構造化・体系化

対比・類比・因果

正・反・合

問答法

KJ 法

弁証法

アナリシスとシンセシス

ミーシー

もちろん筆者が編み出した方法でないから何の自慢にもならない．筆者の頭の中で，「これらはとても相性がよく，実は同じことを言っているところも多い」という「類比」が起こったから紹介した．これらの類比のことを理解しておけば，より効果的に使える武器になるはずだ．

2.7　樹形図は種類を説明するためだけの道具ではない

多くの人が，樹形図を説明の道具に使っている．昔からすでにある物や考え，あるいは製品ラインナップや組織図などを，整理して部長に説明するときにわかりやすく図示するためだけに使っている人が多い，ということである．その使い方を否定はしないが，樹形図は発想する，アイデアを出すときの大きな武器なのである．

ある1カ所の起点から始まって，前節で述べた「対比・類比・因果」や「正・反・合」という考えを意図的に使い，上位にも下位にも構造化・体系化の範囲をどんどん増やしていくのである．樹形図を書くということは，構造化・体系化を進めているんだ，ということを忘れないでほしい．

また，自分の頭の中で一般化されていて，必要なときに意図的に取り出して使えるものが自分の武器であり，それを方法論と呼ぶ．事例や答えを覚えていても，違う話には使えない．一般化されていて，大体のことには使えるという武器が方法論なのである．どうか読者のみなさんは，日ごろから自分の頭の中に方法論を蓄えていく，という考えも忘れないでほしい．

答えはコンピュータで検索すれば手に入る，マニュアルどおりにやることが仕事である，といった，考えることを放棄してしまった現代の日本は，考えることと考える方法論のことを強く意識するべきである．

第3章

失敗学のエッセンスのフレームワーク

3.1　フレームワークについて

第2章の失敗学のエッセンスをフレームワークにした．フレームワークなんて小難しい言葉が出てきたからといって毛嫌いしないでほしい．フレームワークを和訳すると，枠組みであり，もっと簡単にいうと「型仕事」である．つまり**「作業をパターン化して，テンプレートにはめ込んで，この順番で作業をしていけば，誰でも完成させることができるという仕事の進め方」**である．不具合事象の分析と対策立案を誰でも簡単にできるようにフレームワークを作った．

筆者はこのフレームワークを作成するにあたってある強い想いを込めた．それは「書類は1枚に収める」ということである．私事だが，筆者は書類書きが大嫌いである．企業に16年間勤めていて，一番嫌だったのは書類書きである．不必要と思える書類書きが多く，仕事時間の大半を書類書きに費やされていた．このような経験から，書類1枚で完成することを要求機能の筆頭に据えてフレームワークを作成した．

前もって言っておくが，読者のみなさんの会社に失敗学という新しい考え方や手法を導入させて，書類書きを増やそうだなんてこれっぽっちも考えていない．むしろ今，やっていることになっているダブルチェックや，やったことにしてあるトリプルチェックなどの不必要な書類や作業をなくして，みなさんの仕事を少しでも減らし，しかも失敗確率を減らしたいと考えている．

もちろん，最初はこのフレームワークに馴染みがなく，手間取ることもあるかもしれないが，将来的には書類書きが少なく，手間も少ないうえに，失敗確率は低い．こういう会社を創りたいのだ．そういう想いでフレームワークは書類1枚にした．以下，フレームワークを使った分析手順を説明する．

3.2　起承転結型原因分析のすすめ

2.2.2 項で説明した時系列のストーリーを思い出してほしい．

（起）　動機的原因：お返事やお顔でBさんだと思ったので

（承）　失敗行動：看護師がある患者にBさんの薬を渡したら

（転）　今回のワナ：ベッドから離れたらもはや患者識別不能だったので

（結）　不具合事象：食堂で配薬ミスのヒヤリハットが起こった

これは，典型的な起承転結型の文章である．第1章で説明したとおりすべての失敗は想定外だったのだから，起承転結のストーリーがぴったり当てはまる．成功に向かって仕事をしていたのに，不具合事象にたどり着いたのだから，どこかに必ず「どんでん返し＝転」があったのである．

（起＝動機的原因）このように考えたから

（承＝失敗行動）この行動をした

（転＝ワナ）ところがどっこい，○○というワナがあったので

（結＝不具合事象）こんな不具合が起こった

という構成になっている．このストーリー展開は起承転結の順に時刻が流れたストーリー展開あり，現実的にもそのとおり起こったのである．失敗はこの起承転結型構造をもっているのである．これを図 3.1 に示す．

筆者は論理的伝達力という別のセミナーで，ビジネス文書を書くときは起承転結をやるな！と教えているが，不具合事象のストーリーだけは別である．不具合事象の原因分析をするときだけは，起承転結のストーリーで考えるべきである．

3.3　なぜなぜ分析は時系列の逆演算である

ところで産業界でよく使われている，なぜなぜ分析をもう一度よく考えてほ

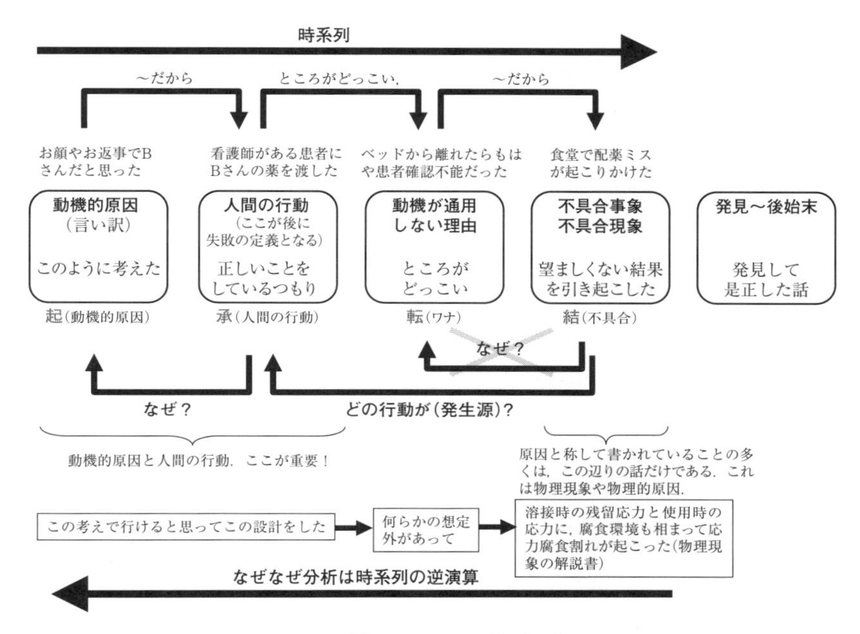

図 3.1　失敗の構造と起承転結型分析のすすめ

しい．「何かの行動をした→なぜ？→○○が××だと考えたから」といった具合に分析は進む．つまりこれは時系列（時刻歴）を逆演算しているのである．何かの行動の理由を「なぜ？」と聞いているのであるから，その理由は行動の前に考えたことでなければならない．これを意識していない人が，結果論だらけの分析をするのである．

さてこのなぜなぜ分析を，上記の起承転結型ストーリーにあてはめてみよう．つまり時系列を逆演算してみよう（図 3.1）．

（結＝不具合事象）こんな不具合事象が起こった
↓なぜ？ と聞かれて
（転＝ワナ）ところがどっこい……？？

これが言えないのである．「起承」が定義されてこそ，それを反転するから「転」が言えるのであって，「起承」が定義されていない状態で，「結」から「転」

は出てこない．これはなぜなぜ分析の構造的欠陥であると筆者は考えている．これが言えないから，すべての会社でワナが議論されていないのである．

だからといって，筆者はなぜなぜ分析が役に立たないとは言っていない．使い方を工夫すればよい．「転」を飛ばせばいいのである．

(結＝不具合事象)こんな不具合が起こった
↓なぜ？＝どの行動が(発生源だったのか)？
(承＝失敗行動)この行動をした
↓なぜ？＝その行動の動機的原因は？
(起＝動機的原因)このように考えたから

このように「転」を飛ばして，「結承起」と時系列を逆演算すれば，「起承」が明らかになる．その次に「起承転結」と順方向にストーリーを組み立てれば「転」をあぶりだせるのである．

配薬ミスの件に当てはめると，

まずは，「転」を飛ばして時刻歴を逆演算する．
(結＝不具合事象)食堂で配薬ミスのヒヤリハットが起こった
↓なぜ？＝どの行動が(発生源だったのか)？
(承＝失敗行動)看護師がある患者にＢさんの薬を渡した
↓なぜ？＝その行動の動機的原因は？
(起＝動機的原因)お顔とお返事でＢさんだと思ったから

次に，順方向にストーリーを組み立てる．

(起＝動機的原因)お顔とお返事でＢさんだと思った
↓だから
(承＝失敗行動)看護師がある患者にＢさんの薬を渡した
↓ところがどっこい
(転＝今回のワナ)ベッドから離れたらもはや患者識別不能だった(というワナが待ち構えていた)
↓だから

(結＝不具合事象)食堂で配薬ミスのヒヤリハットが起こった

この方法なら，ワナを解明できるであろう．正しいことをしているつもりだったのだから「起承」までは素直に疑問なく読めなければならない．読んだ人が「なるほどね～，普通はそう考えてその行動をするよね～」と感じるストーリーである．その次に，それが不具合事象につながったという「結」があるので，「えっ？なぜ？」と感じることであろう．その考えと行動で，この不具合事象が起こるためには，このワナしかないだろう！とあぶりだせるのである．つまりこの方法は，「起承」と「結」で挟み撃ちにすることによって，「転」をあぶりだしているのである．

3.4　フレームワークの基本

上記の方法論をフレームワークにしたのが図 3.2 である．

スタート地点はフレームワークの左下段の枠の不具合事象である．その次に，不具合事象を起こすにあたって発生源となった人間の行動，つまり失敗行動を書く．これが失敗の定義である．次に，その行動を行った動機的原因，つまり言い訳を書く．ここまでで，なぜなぜ分析を 2 回使い「転」を飛ばして「結承起」と時系列を逆演算した．

次に，上記のストーリーを時系列の順方向に降りなおす．その過程で「転＝ところがどっこい」が言える．この「転」が今回の事例レベルのワナであり，それをこの次に上位概念化するので，上の位置に書いておく．

さて，いよいよこの事例レベルのワナから属性を排除して上位概念化(一般化)を行い，それが失敗のカラクリとなる．

前述したとおり，失敗のカラクリだけを語っても会社は 1 円も儲からない．論理的反転をして，成功のカラクリを求めよう．

一方，失敗のカラクリが言えたら，その言葉を使って連想ゲームを行い，フィクションを語れば右側の最下段の想定される未来の不具合事象が言える．

さらに，成功のカラクリを具体化して今回の不具合事象(左側最下段)への対抗手段を考えれば再発防止の事例レベルの対策が求まる．また，成功のカラ

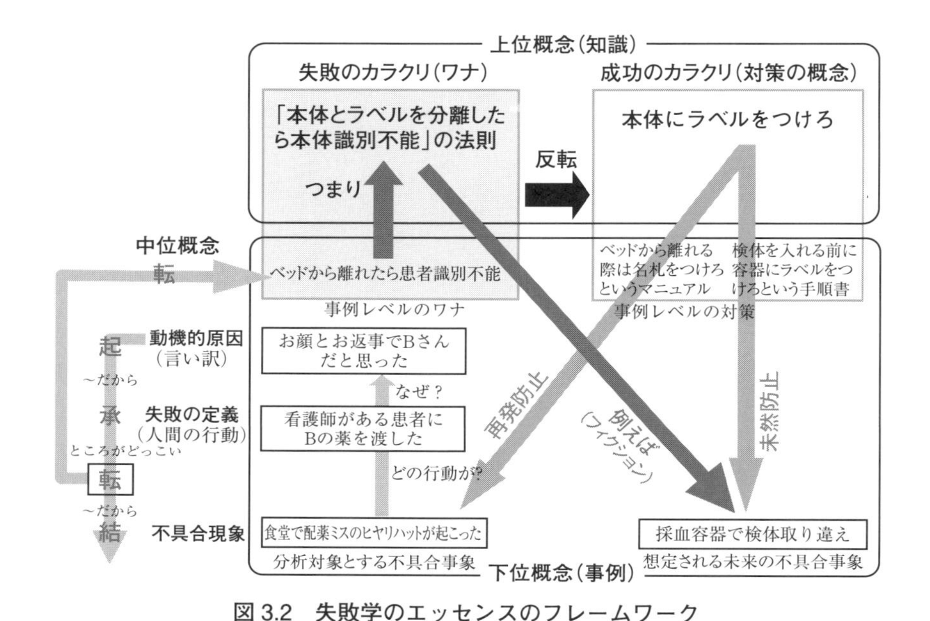

図 3.2　失敗学のエッセンスのフレームワーク

クリを具体化して今語った想定される未来の不具合事象への対抗手段を考えれば，未然防止の事例レベルの対策が求まる．

3.5　フレームワークを活用した取組みについて

このフレームワークを活用して，ぜひとも不具合事象分析と想定の訓練をしてほしい．**1人20回から50回訓練すれば，失敗学の考え方を手に入れられる**はずだ．この回数は筆者の経験値である．

「はじめに」でも述べたとおり，筆者は企業の不具合事象分析の手伝いをしている．要はコンサルティングをやっているのだ．コンサルティングをはじめるにあたって，自分のコンサルティングの使命を考えた．それは「その会社が1人歩きできるようにもっていくこと」であった．筆者がその会社の不具合事象を全部分析できるわけではないし，ましてや今後何十年もずっと分析できるわけでもない．その会社が1人歩きできるようにしなければコンサルタントとしてはインチキであると考えた．

そこで，まずは研修や講演を通じて，失敗学の考えを共有してもらう．大きい会社では年に何回も講演して，数年かかって全社員のうち２割，４割と講演を聞いた人が増えて，ようやく社内に失敗学の考えが浸透してくる．

次に社内のリーダー候補生を育成する．言い換えると社内に失敗学の伝道師・指導者を作る．つまり，失敗学の考えを理解し，推進・指導できる人を社内に作るのだ．１人歩きできるようにするためには社内に指導者を作らなければならない．

そのリーダー候補生を各事業所から本社に日帰りで招集し，年間４回から７回程度集まって，不具合事象分析発表会を行う．不具合事象分析発表会では自職場の事例を１人１件もってきてもらい，７事業部から１人ずつ集まるとしたら１回で７件の分析を行うことになる．集まったメンバーで「あーでもない，こーでもない」と議論しながら，発表したフレームワークに対して「それは結果論だろう」「それは精神論だろう」「いや，違うよ」「失敗の定義がおかしいよ」といった具合に，突っ込み合戦をする．喧嘩腰ではなく，和気藹々とやるので，この議論をしている時間が楽しく，有意義な時間となる．

そして，自分が作成したフレームワークに突っ込まれ，他人が作成したフレームワークに突っ込むことを20件から50件繰り返すと，大抵の人が失敗学の考えを理解し，正しい分析ができるようになる．

20件でできるか50件でできるかということは，頭が良いか悪いか，知識があるかないか，学歴が高いか低いかとはまったく関係がない．長年生きてきた中で自分の得意とする頭の使い方と筆者が提案しているこの頭の使い方の相性がいいか悪いかだけで決まるのだ．したがって，20回でクリアできなくても恥ずかしがることはない．たったの50回で大抵の人ができるようになるのだから，あきらめずに訓練してほしい．訓練で50回というのは簡単な部類である．訓練は日常生活を送る中でもできる．紙も鉛筆もいらない．新しい考えが飛び込んできたときに，「つまり，それって，こういうことだよね」と頭の中で言い「だとしたら，例えばあれと一緒の話じゃないか」と考える．これで１回．これを50回訓練するだけである．

訓練をするときにお願いが１つある．それは**「100点は狙うな」**である．日本人は何でもかんでも100点を狙うから嫌になるのだ．100点なんかいらない．仮に100件の不具合事象分析をして，その内の97件で上位概念を見つけられなかったとしてもよいのだ．見つけた3件の上位概念は会社に3億円の利益をもたらすのだから．100件読んで3億円の利益をもたらすのだから，十分立派な成果である．**執念深く続けることが大切**なのであって，100点を取ることが大切なのではない．

もちろん筆者が不具合事象分析をやると，90％以上の確率で上位概念を見つけるが，初心者にそれは無理である．「研究は千三つ」という言葉を知っているだろうか．研究は1000個やって3つ上手くいけばいいほうだ，というたとえである．筆者の提案どおり不具合事象分析をしてくれるのであれば，その確率を百三つにもち上げると言っているのだ．確率10倍はかなりの高確率である．**100発100中なんてあり得ない**．初心者は百三つで十分である．続けていくうちに8割，9割と上位概念に登れる確率は上がっていくはずだ．それでよいのだ．

不具合事象分析をしているとリーダー候補生から「こんな事例から，こんな上位概念を見つけたんですけど，先生，これで正解ですか？」といった質問を受けることがある．質問自体がナンセンスである．1つの不具合事象からどんな上位概念を作っても自由である．立場や切り口や考え方や失敗の定義によって，いろいろな上位概念はできるはずだ．**1事例に1つの上位概念が対応している必要はない．正解・不正解があるわけでもない**．物事に正解・不正解があるような幼稚な勉強は高校生で終わりにしてほしい．高校生までがやっている勉強は全部クイズである．なぜならば，先生が握りしめている答えを当てたら勝ちだからである．それは答えが用意されているのだ．これをクイズと呼ばずして何と呼ぶ．そして，クイズを解いて給料をもらえる会社があるだろうか．上司がもう答えを知っていて，それを当てたら給料をくれる，そんな楽な会社があるだろうか．そんな会社はどこにもない．答えがないことに挑み続けるから，会社は給料をくれるのだ．あるいは，答えが100万通りある中から，最適解を探すのに，全力で挑むから，会社は給料をくれるのだ．だから「これ，正解ですか？」という幼稚な質問はやめてほしい．上位概念に正解も不正解もない．会社の役に立つ考えであるならば，あなたが見つけた上位概念は全部正解である．この不具合事象にはこの上位概念でなくてはいけないということはないのだ．

また，「どこまで上位概念化すればいいのですか？」と，上位概念化のレベル設定について質問を受けることがある．その答えは，「会社や部署によって異なる」である．「下位概念(事例)に近い話を1万通りも覚えていられないからもっと上位概念化してくれ！」という会社や部署ならば，もっと上位概念化すればよい．それに対し，「そんな一般的な話をされても，利用できない」という会社や部署には，属性をもった事例の単語をパラパラとまぶしてやれば，概念レベルを下げることができる．

つまり，概念レベルのコントロールは，属性をどの程度付与するかで決まる．つまり事例の単語をどの程度入れるかで，簡単にコントロールできるのである．そのさじ加減は，その会社にお任せする．このレベルでなければならないということはない．

ここまでの話を「100点は狙うな」で覚えておいてほしい．気軽にトライしてほしい．

1件の不具合事象からどんな上位概念を作ってもよい，こんなものに正解も不正解もないとはいったが，失敗学のフレームワークのテクニックを学びたいという不具合事象分析発表会の場では，筆者は各フレーム間の論理的なつながりについては突っ込む．なぜならば，各フレーム間の論理的なつながりを考えながら分析したほうが上位概念にたどり着ける可能性が高いからである．論理性をトレーニングすることが失敗学をマスターする一番の近道なのである．

なお，各フレームを埋めるときの注意点については次の第4章で述べる．

第 4 章

フレームワークの重要ポイント

この章では第 3 章で説明したフレームワーク(図 3.2, p.64)を完成させるための重要ポイントを，フレームワークの枠に沿って順次説明する.

4.1　分析対象とする不具合事象

フレームワークのスタート地点はフレームワークの左下枠の「分析対象とする不具合事象」である.

今回このフレームワークで分析対象とする過去や今回の不具合事象を記入してほしい. ここは，今まで社内で作成してきた不具合事象報告書やヒヤリハット報告書のタイトルそのままだと考えてよい. 例えば「X 社様向け B 型発電機における焼き付き不具合」のように，一連の不具合事象の結果を一言で表すタイトルである. 多くの場合，ここは製品型式名と焼き付きといった物理現象，手続きミスといった事象が書かれるはずである.

注意してほしいのは，今まではこれを「失敗」と呼んできたということである. ところがこの「X 社様向け B 型発電機における焼き付き不具合」というタイトルの中には人間が何をしたのか，どの行動が発生源だったのか，は何も表現されていない. これは起承転結の中の「結」に過ぎない.「そして何が起こったかという結果」を表しているだけであって，これを失敗と呼ぶと，まるで発電機さんが失敗したかのようである. 何回も言うが，失敗の主語はいつも人間である.

4.2　失敗の定義（人間の行動）

4.2.1　「正しいことをしているつもりだった」という行動を書く

上記の「結」つまり，不具合事象に関して，それを引き起こすにあたって発生源になった「人間の行動」を記入する．ここが「失敗の定義」そのものである．「転」を飛ばして，「承」にあたる人間の行動を記入するのである．

第１章で述べたとおり，なぜ人間の行動が失敗の定義かというと，人間が考えたり，思ったりしただけでは失敗は起こらず，行動に移してこそ失敗が起こるからである．

「行動に移さなかったことが失敗である」と言う人が多い．例えば結果論でいうと，Ａという従来の部品を，新製品ではＢという部品に変更しなければいけなかったのにＢに変更しなかった，という表現である．変更することが正解で，変更という行動をしなかったという考え方である．結果論で考えるからそのように受け止めてしまうのである．

この不具合事象に関して，このとき設計者がどのような意識下で行動したかと言えば，「（変更の必要性はまったく考えず従来どおり）部品Ａを採用した」か，あるいは「（Ｂという部品もあるが，ここはＡにしておくべきだと積極的に）部品Ａを採用した」である．いずれにしろ「部品Ａを採用した」が失敗の定義である．

このように，失敗の定義は当事者が意識下で行った行動を書いてほしい．意識下で行ったわけではないことや，どう考えても正しいとは思えないことを書くと，そこには動機が存在しなくなってしまう．

例えば，「看護師が配薬ミスをした」と定義すると，その次で，動機は？と聞かれても動機は存在しない．ミスをしようと思ってミスをしたわけではないので，動機が存在するわけがないのである．そこで無理やり動機を考えると，「自分に正解を教えてくれるマニュアルがなかったから，仕組みがなかったから」としか言いようがなくなって，分析が間違った方向へと進んでしまうのである．

意識下で「ミスしてやろう」と考えてミスをしたなら，もともと正しいことをしているつもりもないし，意に反することも起こっていない．つまりもはやそれは失敗ではないのである．

失敗の定義を思い出してほしい．「正しいことをしているつもりだった，にもかかわらず意に反してその行動が望ましくない結果を引き起こした．このときの正しいことをしているつもりだった行動」これが後に失敗あるいは失敗行動と定義されるのである．いつもこの定義に戻って考えてほしい．正しいことをしているつもりだった行動には動機が存在するのだ．

したがって，この事例の場合は「看護師がある患者にBの薬を渡した」が失敗の定義である．これは確かに看護師が意識下で行っている．その行動について，「なぜ？」と聞かれたら，「だって，お顔とお返事でBさんだと思ったんだもん」という動機（言い訳）が素直に出てくるのである．

一方，この「失敗の定義」と次の「動機的原因」は，その次の「転＝事例レベルのワナ」や「失敗のカラクリ」で否定されることも忘れないでほしい．フレームワーク（図 3.2, p.64）が完成すると，「この動機でこの行動をすると，こんなワナが待ち構えているのでこんな不具合事象が起こる」という起承転結の文が完成するのである．つまりその動機と行動はダメであるという話になるのであるから，あくまでも正しいことや不具合事象に無関係な行動を失敗と定義しないでほしい．

例えば，失敗の定義に「設計者Aが新製品を設計した」と書くと，新製品を設計したことはあくまでも正しい行為であって設計しなければならないのであるから，それは失敗行動ではない．また，不具合事象と無関係な行動である．この不具合事象を起こした新製品の設計において，「設計者Aが部品Aを採用した」というように，不具合事象に関する発生源になった行動を書いてほしい．

4.2.2　主語を明確に書く

ここでは主語を明確にしてほしい．設計者Aが○○した，作業者Bが○○した，というように，AとかBを使えば固有名詞は必要なくなる．そのAさん，Bさんが誰だったのかにはまったく興味がない．なぜなら失敗情報を扱う時点で，責任追及はしないということを約束したはずだからである．ただし，職種は書いてほしい．設計者や作業者と書けば，仕事の種類や環境といったその職種の属性を理解しやすいので，分析や想定をやりやすくなるからである．
最も多いダメな例は，受身表現と状態表現である．「間違った部品が採用されていた」「スイッチが入れられていた」というように，わざわざ主語である人間を隠して，部品やスイッチを主語にしているのである．まるで，神様が間違った部品を採用したり，神様がスイッチを入れたりしたかのようである．あるいは「温度が上がっていた」というように状態を表現したり，「部品が破壊した」というように物理現象を説明したりして，主語を隠している例である．神様が温度を上げたわけではないし，物理現象さんが失敗したわけではない．失敗の主語は人間であることを忘れないでほしい．

4.2.3　極力動詞は１つにする

また，失敗の定義の中に動詞をたくさん書く人が多い．設計者Ａが，あれして，これして，それして，なにをしたことが失敗である，といった具合である．これは，一連の不具合事象をコピーペーストしただけで，失敗の特定(定義)ができていない．いったいどれが失敗行動だったのかわからないから分析が必ずボケる．
一件の不具合事象の中に，一連の失敗が連鎖反応のように起こっているという場合がある．つまり，失敗行動がたくさんある場合である．その場合は，1つずつ分けて別々にフレームワークを書けばいいのである．1つのフレームワークに失敗行動をたくさん入れると，どの失敗を議論しているのかわからなくなる．例えば「設計者が設計をミスしたこと」や「デザインレビューでそれを見逃したこと」や「製造後の検査で選別できなかったこと」などの話が出てきて議論が発散し，対策を間違えてしまう．どの行動を失敗と定義してもかまわない．だから「失敗の定義」と言っているのである．例えば，ソフトウェアの会社が，「バグがゼロのコーディングなんか不可能である！チェックで見つけることが当社の方針である」という会社ならば，チェックで見つけられなかったことが失敗行動である．一方，「いやいや，やはりバグを作り込むべきではない，それが基本形だ！」という会社ならば，バグを作った瞬間の行動が失敗行動である．このようにどれを失敗と定義するかは，会社の方針や理念によって異なるのである．

デザインレビューにおける失敗や，検査における失敗を失敗と定義して分析してもかまわないが，できるだけ不具合事象の発生源は外さないでほしい．発生源を放置してその周りのチェックで食い止めようとすると，包囲網を構築しなければならず，チェックリストやマニュアルが爆発的に増えてしまうし，チェックはいつかすり抜けてしまうからである．発生源で発生しないようにすれば，対策は1つで済むのである．

一方，確かに発生源はそこではあるが，気づけるわけがないところを発生源と定義しても会社は得をしない．「発生源」という言葉はその意味も含んでいると考えてほしい．気づけるとしたらどこだったかという考えも重要である．気づける場所やタイミングは唯一ここだ，そこで気づけなかったことが失敗だという考えである．

失敗の定義の中に理由や動機的原因を書かないでほしい．「△△が□□だったので，○○と考えて××したこと」が失敗であるというように理由や動機的原因を書くと，次の動機的原因のところに書くことがなくなって後の展開が苦しくなる．その結果，動機的原因に「組織風土が○○だから」とか「○○という風潮があったから」というように，あまり関係がないことが書かれて，分析が間違った方向に進んでしまうのである．理由や動機は次の枠である動機的原因の欄にもって行って，失敗の定義には行動だけを書いてほしい．

失敗の定義の書き方についての重要ポイントをまとめると，以下のようになる．

失敗の定義についての重要ポイント

- 不具合事象に関して，それを引き起こすにあたって発生源になった「人間の行動」を記入する
- 当事者が意識下で行った行動を書く
- やらなかったことや，間違ったとかミスしたというような悪い表現で書かない
- あくまでも正しいことや，不具合事象に無関係な行動を失敗と定義しない
- 主語を明確にする

・受身表現，状態表現，物理現象の説明は避ける
・1つのフレームワークでは失敗行動を1つにする
・不具合事象の発生源を外さない
・気づけるわけがないところを発生源としない．気づけるとしたらどこだったかを考えて発生源とする
・理由や動機的原因を書かない

失敗を定義するところは，分析の中で最も重要である．失敗の定義から分析が始まっていることを強く認識してほしい．

4.3　動機的原因（言い訳）

4.3.1　失敗行動と無関係な動機的原因

「動機的原因」と「失敗の定義」はBecauseでつながらなければならない．なぜなぜ分析の基本である．ところが，「○○だった」から「□□をした」と続けて読んでつながらないことが多いのだ．Becauseでつながらないということは，失敗の定義（人間行動）とは無関係の言い訳をしているということである．

動機的原因は，人間行動を論理的に説明できていなければならない．つまり，読んだ人が納得できるストーリーになっていなければならない．「このように考えてこの行動をした」？？？これを読んだ人が理解できない，「あり得ない！」というストーリーをよく見かける．その代表選手が，「マニュアルがなかった」「忙しかった」という動機的原因である．

例えば，スイッチを入れたら爆発事故が起こったという不具合事象に関して，失敗行動は「スイッチを入れたこと」，動機的原因は「マニュアルがなかったこと」という分析である．「マニュアルがなかったからスイッチを入れた」「忙しかったからスイッチを入れた」，これはまったく理解できない．

スイッチを入れたのは，そのときスイッチを入れるべきだという何らかの理由があって，良かれと思ってスイッチを入れたはずである．その良かれと思った動機的原因が間違っていたのだから，その考えに対抗策を打とうとしているのである．したがって，まずはその動機的原因を抽出しなければ対策を打てな

いのである．そのために分析をしているのだから，怖がらずにそのときその行動をした動機をそのまま書いてほしい．

動機的原因に結果論を書かないでほしい．多くのコンサルティングをやってきて，このピント外れの分析が最も多いと筆者は感じている．

看護師の例で，「判断ミスを重ねたのが原因である」，対策は「判断ミスを重ねないこと」と言われても，何の役にも立たない．行動しているそのとき，当事者は判断ミスだとは思っていないのだ．これは結果論だから次回や未来の行動をするときには役に立たないのである．

物理現象や不具合事象の経緯が明らかになった後，分析をしているため，分析するときには「このとき○○するべきだった」という正解がわかってしまっているのである．それが災いして，「このとき○○しなかった」のが失敗行動で，「○○できなかった理由」が動機的原因に書かれてしまう．それらは完全に結果論である．

失敗行動をしたそのときは，「○○するべきである」とはまったく考えていなかったはずである．「○○(正解行動)をできなかった理由」を聞いているのではなくて，「△△(後に失敗と定義される行動)をした理由」を聞いているのである．この結果論を言わないようにするコツについて次節以降で説明する．

4.3.2　正当化なぜなぜ分析のすすめ

ここで，上手に動機的原因を表現する，あるいは他人から聞き出すコツを伝えておく．

動機的原因を抽出するときは，「正当化なぜなぜ分析」を使ってほしい．まくら言葉を付けて聞くのである．「そのとき△△することが正しいと考えた，それはなぜか？」と聞く方法が「正当化なぜなぜ分析」である．「そのとき△△することが正しいと考えた」という部分がまくら言葉である．この方法は筆者が考え出したわけではない．医療界の一部が使っている方法である．

よく考えれば，これは本来のなぜなぜ分析なのである．論理立てて説明すると，

・なぜなぜ分析は，人間に「なぜ？」と理由を聞いて答えを求める分析手

法である
・したがって未だ解明されていない物理現象を解明する道具ではないし，書類の流れといった事実経緯を明らかにする道具でもない．人間の考え，特に理由を分析する手法である
・失敗とは人間の行動であるから，行動の理由というのは動機的原因しかない
・明らかに間違った行動には動機は存在しない，そのときそれが正しいと考えたからその行動をしたのである
・したがって，なぜなぜ分析は必然的に正当化なぜなぜ分析となるはずである

いかがだろうか，つまり正当化なぜなぜ分析は，普通のなぜなぜ分析なのであり，本来そうあるべきなのだ．

ここで，「失敗」という言葉自体の定義に戻っておく．失敗とは，「正しいことをしているつもりだった，にもかかわらず意に反してその行動が望ましくない結果を引き起こした．そのときの正しいことをしているつもりだった行動」である．これが後に失敗あるいは失敗行動と定義されるのである．それを分析しているのであるから，正しいことをしているつもりだったというストーリーを明らかにしなければ，対策は打てない．すべてはこの「失敗」という言葉の定義や，失敗がもっている性質を理解するところからはじまり，いつもそこに帰ってくるのである．

失敗の定義が間違っていると，その次のなぜなぜ分析で間違った分析をしてしまう．例えば，失敗の定義は「看護師が配薬ミスをした」こと，その動機的原因について単に「なぜ？」と理由を聞くと多くの日本人が「確認不足でした」と答えてしまうのである．そもそも「配薬ミスをした」という失敗の定義が間違っていることは 4.2.1 項で述べた．この配薬ミスという行動はどう考えても正当化できない．つまり，行動を定義した時点でなぜなぜ分析を失敗しているのである．

失敗の定義は，「看護師がある患者に B さんの薬を渡した」ことであり，その行動について，「そのときそれが正しいと思ったんだよね，それはなぜ？」

と聞いてあげると，「だって，お顔とお返事でBさんだと思ったんだもん」と素直で正しいなぜなぜ分析ができるのである．

4.3.3 「だったんだもん」を語尾に付ける

動機的原因を正しく書く2つ目のコツを説明する．どちらかと言えばこれは，抽出された動機的原因が正しいか否かをチェックする方法である．これは，医療版失敗学を推進しているときに筆者が編み出した方法である．その背景は以下のとおりである．

看護師は，「言い訳なんてとんでもありません」「言い訳は絶対に許しません」と看護学校で産業界よりも厳しくしつけられているのである．そこに失敗学をもち込むと，失敗のカラクリを導出するための踏み台となる「言い訳」が言えないのである．

その結果，言い訳を言え！というと，「確認不足でした(ごめんなさい)」「努力不足でした(ごめんなさい)」と反省の弁ばかりが出てくるのである．これらは，自分の非を認めて反省している言葉である．前述したとおり，何があっても決して他人のせいにはしないで自分が反省する，これは日本の美しい文化ではあるが，失敗を繰り返したくないという活動にとっては大きな障害になっている．

もともと責任追及をしているわけではないのだから，分析するときに謝る必要はないし，ヒアリングしている側も「謝ってほしい」とは思っていないはずだ．そこで，こんなコツを編み出した．言い訳の語尾に「○○だったんだもん(しょうがないだろ)」という言葉を付けてほしい．つまり，(しょうがないだろ)につながる言葉を聞きたいのであって，(ごめんなさい)につながる言葉を聞きたいわけではないのだ．このカッコの部分(しょうがないだろ)は口に出してはいけない．日本の文化ではそれは許されない．部長から，「しょうがなくはないんだ！バカヤロウ！」と叱られてしまう．「○○だったんだもん」もどちらかと言えば日本の文化では許されないから，頭の中で「○○だったんだもん」と付けてチェックしてほしい．

このチェックの方法論は，医療版失敗学研究会において大きな効果をもたらした．結果論や反省の言葉の言い訳には，「○○だったんだもん」という語尾はまったく似つかわしくないのである．例えば，なぜその患者にＢさんの薬を渡したの？と聞かれて，「確認不足だったんだもん」「努力不足だったんだもん」とは言わないだろう．結果論や反省の言葉には，「○○だったんだもん」はまったく似合わないのである．「その患者に，Ｂさんですね？って聞いたらハイって言ったんだもん」これならピッタリであり違和感がない．

よく考えれば，当たり前である．「○○だったんだもん」は間違った自分を正当化するときに使う接尾語だからである．結果が成功だったと決定している行動，その動機を「言い訳」とは呼ばない．結果が不具合だったと決定している行動，その動機こそまさに「言い訳」と呼ぶのであり，それを分析しているのだから，このチェックの方法は当たり前と言えば当たり前である．

ただし，「○○だったんだもん」が似合うけれど，筆者が言い訳とは認めないものが２つある．それは「マニュアルがなかったんだもん」と「忙しかったんだもん」である．これらには「○○だったんだもん」は似合うが，前述したとおり論理的に合わない．マニュアルがないからその患者にＢさんの薬を渡したわけではない，忙しかったからＢさんの薬を渡したわけではない．それ以外なら，だいたいは「○○だったんだもん」が似合えばOKである．

読者のみなさんも使ってみてはいかがだろうか？簡単で誰でも使えるチェックの方法論を説明した．

4.3.4 「否定形は結果論」の法則・対策反転型原因分析を止めませんか

⑴ 「対策反転型原因分析」は役に立たない

日本中で行われている間違った原因分析の最たるものが，結果論ばかり語った分析である．筆者がコンサルティングを行っている会社の本社の方が，自社内での失敗学普及活動において素晴らしいチェック方法を編み出してくれた．それが，「否定形は結果論」の法則である．筆者はそれを聞いて検証を重ねてきた結果，その判断方法は正しいと言い切れるようになった．結果論が否定形となって現れるメカニズムは以下のとおりである．

不具合事象が起こると担当者や品証部門の方が，物理現象や事実経緯を明らかにする．そして，それらがわかったらベテランほど対策が先に思い浮かぶものである．「まずい，ここにマニュアルを作らなきゃ！」「ここにこんなチェックリストが必要だ！」といった具合である．その次に，それがなかったのが原因だ！と言い出すのである．

つまり，対策を先に考え，それを反転して原因だということにしているのである．正しい方法や正しいことがわかった後，今回の失敗行動をしたあの１カ月前の時点では正しい方法になっていなかった，これが原因であると言い出す始末である．その際に，「正しい状態ではなかった」という説明が否定形や否定文となって現れるのである．

これをやれば，不具合に関する書類を作る作業は楽になる．対策を先に決めて，そうなっていなかったのが原因だというのだから，つじつまを合わせやすいからである．マニュアルがなかったのが原因で，今回マニュアルを作りました！と言えば，部長は納得するかもしれないが，完全に時系列が逆転しているのである．これでは会社はよくならない．

これを筆者は，**「対策反転型原因分析」**と命名した．みなさんも一度自分の会社の不具合事象関係の書類を見直してみることをお勧めする．原因欄のところに，おそらく90％以上の割合で否定形，否定文が書かれていることだろう．それは対策反転型原因分析であり，結果論である．以下のような原因説明は結果論であり，それが役に立たない理由も合わせて説明しておく．

・**マニュアルがなかったことが原因だ→**マニュアルがないことに気づいたのは不具合事象発覚後さらに調査した後である．行動しているときはマニュアルがないことに気づいていないので，その行動をした動機にはなり得ない．つまり時系列が逆転しているからおかしい．もう１つは論理的におかしい．マニュアルがないからその部品を選定したわけではない．動機と行動がBecauseでつながらないのである．

　今回起こったことにマニュアルを作れば，今回とまったく同じ失敗は止められるので，再発防止策としては正しいが，原因が放置されているのである．何らかの勘違いをしたから，部品選定を間違えたのである．(その勘違いの内容はともかくとして，)「これこれのときはこの部品を選定せよ！」という正しいことだけを伝えるマニュアルを作れば，この部品の選定では間違えないようになるが，他の事例では使えない．未然防止活動として，「マニュアルを作れ！」と叫んでみたところで，どこにマニュアルを作ればいいのかさっぱりわからない．原因である勘違いの内容を明らかにし，それを一般化すれば，そのような勘違いを起こしやすいところがどこかという想定ができる．そこにマニュアルを作っておけばよいのである．

・**ルールがなかった，標準化されていなかったことが原因だ**→これもマニュアルや手順書の仲間・同類である．標準化されていないからその部品を選定したわけではない．その部品で合っている，行けると思ったから選定したのである．その行けると思った動機的原因を明らかにし，その考えを修正しなければ，状況変化が入ったときに判断できずに失敗はまた起こる．

・**不明確な指示だったのが原因だ**→不明確だったとわかったのも調査した後である．仕事の指示を受けた当事者がそのとき，「これは不明確な指示だ！」と思っていれば，指示した人に聞きに行くので今回の失敗はおそらく起こっていない．不明確だと思わなかったから失敗は起こったのである．「不明確な指示だった」を原因にすると，対策は「不明確な指示はよせ！明確な指示をしろ！」となってしまい，まったく役に立たない．不明確な指示をしているつもりの人は１人もいないからである．ここにも,「不明確」の「不」が否定形として入っているのである．これをどのように分析すればいいかを説明する．

(2)　不明確だと思わなかったから起こった

こんな事例を考えてみよう．

> 工場から研究所のある研究員に,「各部寸法を測って性能分析をし，その結果を顧客に送付してください」という指示書とともにある部品が送られた．受け取った研究所の研究員は，コンピュータで性能分析をする仕事を専門としている研究員なので，何も疑問を感じず「自分が性能分析をするときに必要な場所の寸法を測れということだな！」と解釈してきっちり測定して性能分析し，分析結果を顧客に送付した．ところが実は，顧客と当社の間で「この部品については，こことここの寸法を測定すること」という取り決めがあって，その場所の寸法を測っていなかったので，顧客からクレームが来た．

> 調査の結果，「各部寸法を測れ」という指示書を指して，原因は「不明確な指示だった」こと，対策は工場に向かって「不明確な指示はよせ」となってしまうのである．

こんな事例も考えてみよう．

> 設計部から出図された配管図面に固定金具の位置が書かれていなかった．
> その図面を現場で見た作業員はどう思うだろうか？
> 「これは現場判断で付けやすい位置に固定すればいいんだ」と判断したのである．客先の工場内の機器配置，配管にとって障害物となる壁際の棚配置などは現場に行ってみないとわからないことが多いからである．そこで，現場判断で固定金具を取り付けたら，流体が流れたときにパイプが共振して破壊した．
> 実は，固定金具間の距離だけは指定があるべきなのに，図面に書かれていなかったのである．調査の結果，その「固定金具の位置が書かれていなかった図面」を指して，原因は「不明確な指示だった」ということになり，対策は設計部に向かって「不明確な指示はよしなさい」となってしまった．

さて，この研究員や作業員は，仕事の指示書や図面を見て「不明確な指示だな～，困ったな～」と感じただろうか．不明確だと思わなかったのである．**不明確だと思わなかった**から今回の不具合事象は起こったのである．

(3)　失敗のカラクリ：任意判断だと思った

この手の失敗では，作業指示をした人，作業指示を受けた人，それぞれに対策が考えられるが，作業指示をした人はなかなか気づきにくい．気づけるわけがないとまでは言わないが，完璧な図面というのは非常に難度が高い．常に図面も指示書もチェックしたうえで，完璧だと思って指示を出しているが，それでも抜け漏れは残ってしまうのである．

こんな言い方もできる．図面が完成してデザインレビューの際に関係者がそれを見て，「抜け漏れを探せゲーム」をする．その際に，図面に書かれていることが間違っていることを見つけることは割とたやすいが，書かれていないことを見つけることは非常に難しいのである．

もちろん，材料，形状，配置，工法，管理方法などのキーワードを使って，「抜け漏れを探せゲーム」を必死でやるが，これで完璧かどうかということは誰にもわからない．それに比べて，その図面に従って作業をする人，つまり作業指示を受けた人が見つけるのはたやすい．自分が作業しているとき，例えば金具を固定しようとしたときに，固定金具の位置が書かれていないことを必然的に発見するからである．そこで，作業指示を受けた人には申し訳ないが，筆者ならこの失敗のカラクリと成功のカラクリを次のように表現する．

> 言い訳：「だって，現場判断でOKだと思ったんだも～ん」
> 失敗のカラクリ：「詳細は書かれていなかったので**任意判断**だと思って行動したら，それは単に指示漏れだった」の巻！
> 成功のカラクリ：「任意判断だと思った瞬間，一応指示者に聞きに行け」

作業指示を受けた人は「**任意判断だと思った**」のである．「指示を受けた自分の判断でOK，あなたに任せる」という意味だと思ったのである．「不明確な指示はよせ」という対策は効果がないが，この成功のカラクリなら使えるだろう．もちろん，指示側も抜け漏れがないようにする努力や対策は必要であるし，発生源はそこではあるが，気づけるとしたら指示を受けた側のほうがはるかに気づきやすいのである．

この話を一言で，「原因は作業指示者と受ける側のコミュニケーション不足である」と片付けても会社はよくならない．コミュケーションの必要性を感じないから聞きに行かないのである．この「コミュニケーション不足」という原因用語も日本中で大流行している．これも不足の「不」が入っているので結果論である．そのときは「コミュニケーションはいらない」，あるいは「コミュニケーションは十分だ」と思ったのである．後からそれでは不足だったとわかったのであって，そのときなぜ十分だと思ったのかを議論しなければ会社はよくならない．

またこれらの事例からこんな未来の不具合事象も想定できる．チェックリストのレ点を入れるチェック欄が空白だった，という事例である．「空白」は，それを見る人にとっては明らかに「任意判断」となってしまう．

・本件にとってはこの項目はチェック対象外，つまりチェック不要なのか
・チェックはしたけどレ点の記入漏れなのか
・必要なのにチェック行為自体が抜けているのか

デザインレビューに参加している人，それぞれが独自の判断をしてOK！と言ってしまう．

極力空白は残さないで，不要なら「対象外」「不要」などと書くルールにしておかないと，抜け漏れは空白となって現れるので，「不要」との区別がつかない．書類の空白欄，要注意，空白注意報発令！である．

・**確認不足だったのが原因だ**→これにも「不」が入っている．「確認不足」というのは，今回の不具合事象の調査分析が終わり，本来の確認はどうするべきだったのかがわかった後，その本来の確認と比べて今回は不足だったと言えるのであるから結果論である．当事者はそのとき確認したつもりである．なぜ確認したと思ってしまったのか，その考えを明らかにして，今後その考えにだまされないようにしなければ，失敗は止まらない．確認になっていないのに確認したと思ってしまう，人間がハマるワナを解き明かし，そこに対抗策を打たなければ失敗はまた起こる．

　また，確認不足というのは反省系の言葉であるという判断方法もある．「確認不足でした(ごめんなさい)」と「ごめんなさい」につながる言葉である．「反省系は結果論の法則」という判断方法も利用してほしい．

　さらに，論理的にもおかしい．「俺，確認不足だからスイッチを入れてやろう！」と考えてスイッチを入れたわけではない．

・**この計算が不十分だった，不十分な○○だったのが原因だ**→これにも「不」が入っている．十分な計算というのがどういうものかがわかった後にしか言えない．完全に結果論である．そのとき，その計算で十分だと思った理由を明らかにしてほしい．

このように結果論は時系列が逆転しているのである．時系列を逆転した動機と行動は，Becauseでつながらないのである．つまり，論理的にも間違っているのである．声を大にしていう！

対策反転型原因分析，止めませんか！

動機的原因についてのコツをまとめると以下のとおりである．

> **動機的原因記入のコツ**
>
> ・動機的原因○○と失敗の定義××は，「○○だから××した」と素直にBecauseでつながるようにする
>
> ・動機的原因を抽出するときは，正当化なぜなぜ分析を使う
>
> ・「〜だったんだもん(しょうがないだろ)」が似合う言葉かどうかをチェックする
>
> ・否定形が使われていないかチェックする
>
> ・対策反転型原因分析は結果論であり，それが否定形となって現れることを認識する

4.4　事例レベルのワナ

事例レベルのワナは「起承転結」の「転」に当るところである．「結承起」が正しく書けていれば，「転」には苦労しないはずである．「転」は，一見正しそうに思える「起」の動機的原因(理由)が「通用しなかった理由」である．

> **「一見正しそうに見える理由」が「通用しなかった理由」**
>
> 起：○○と考えた→次の行動が正しいと思った理由
>
> (から)
>
> 承：××の行動をした
>
> (ところがどっこい)
>
> 転：△△というワナがあった→その正しいと思った理由が通用しなかった理由
>
> (から)
>
> 結：□□という不具合事象が起こった

というストーリー展開において「起承」は誰が読んでも，「普通そう考えてそうするよね〜(何がいけないの？)」という内容である．しかし，「結」で実

際に不具合事象が起こっているのであるから，両側から挟み撃ちにすると，その考えとその行動でこの不具合事象が起こるとしたら，このワナしかないだろう！という具合である．

チェックの方法をあえて言うなら，この「転」で起承転結が完結するのであるから，起承転結と順方向に読んで理解できる内容にする！としか言いようがない．

4.5　失敗のカラクリ

失敗のカラクリは，さほど考える必要はない．フレームワーク（図 3.2, p.64）の初心者が，最初から完璧な一般化をしようとするから難しく感じるのである．失敗のカラクリの基本構成は，「起」と「転」の組合せである．まずは，事例レベルの言葉でいいから「起承転結」をそのまま書けばいい．その後，短い言葉で本質だけを残していけばいい．例えば，

「お返事でＢさんだと思った」から「看護師がその患者にＢさんの薬を渡した」ところがどっこい「お年寄りはすべての質問にハイと答える」から「食堂で配薬ミスが起こりかけた」と少々長いが，そのまま書いてみればいいのである．

これを短く意訳すると，「お返事確認で間違いは起こらないと思っていたが，お返事は不確かなものなのでもともと確認ではなかった」

これを一般化すると，「音声確認は確認にあらず！」としてもよい．

あるいは，

「お顔を見てＢさんだと思った」から「看護師がその患者にＢさんの薬を渡した」ところがどっこい「お年寄りの顔はよく似ている」から「食堂で配薬ミスが起こりかけた」

というストーリーでもよい．

これを短く意訳すると，「お顔確認で間違いは起こらないと思っていたが，全員のお顔を完全に覚えているわけではないのでもともと確認ではな

かった」
　これを一般化すると，「記憶確認は確認にあらず！」としてもよい．

　２つのストーリーをまとめると，お返事でもお顔でもダメだということがわかったので，結局ベッドでしか確認できないということを考察したなら，

　「お顔とお返事でＢさんだと思った」から「看護師がその患者にＢさんの薬を渡した」ところがどっこい「ベッドから離れたらもはや患者識別不能だった」から「食堂で配薬ミスが起こりかけた」
となる．これでは長すぎるので，この文の本質だけを選択して意訳すると，
　「ベッドから離れても，お顔確認・お返事確認で行けると思っていたが，実はベッドから離れたら患者識別不能だった」

というように，食堂でも患者確認できると思っていたこと自体がワナなのである．実はそれは，音声確認や記憶確認だったのだから確認ではなかった，ということに気づいていなかったのである．
　このように，失敗のカラクリの構成は基本的には，
「起」：うまくいくと思った理由と
「転」：それが通用しない理由
の組合せである．
　本事例では，筆者の好みによりさらに短くして，「ベッドから離れたら患者識別不能」という「転」の部分だけを採用したのであり，この選別や表現にこだわる必要はない．
　次に，その表現では医療への属性が強すぎるので，属性排除・一般化をすると，
「本体とラベルを分離したら，本体識別不能」の法則とした．
　ベッドから離れた時点で，それは本体とラベルを分離しているということに気づいていなかったというワナが本質だと思ったので，そのようにした．
　この失敗のカラクリの言葉は，社員の多くが気づいていないことを気づかせる表現になっていれば何でもOKである．その考えでは不具合が起こるということに気づいていないで，やってしまっていることを表現しているのだか

ら，それは，「ワナ」そのものである．

別の表現をすれば，失敗のカラクリの言葉は今風の言葉でいうと，できれば「あるあるゲーム」になっていてほしい．それを読んだ人が,「これ，あるある，やっちゃうよな～，だけどそれじゃダメだよね」と感じる言葉である．

一般化のレベルは会社の方針や理念にお任せする．あまり一般化しすぎると難しくなって，他の事例に気づきにくくなるというのも事実である．事例の単語をどの程度入れるかによって，一般化のレベルは簡単に調節できるのである．筆者の経験上のイメージでいうと，上位概念と下位概念の間，中位概念ぐらいの表現が最も効果が大きいように感じている．

4.6　成功のカラクリ

成功のカラクリは，さほど難しくはない．失敗のカラクリにはダメなことが書いてあるので，それを論理的に反転すればよい．本体とラベルを分離するから不具合が起こるのであるから，成功のカラクリは,「本体とラベルを分離するな」あるいは「本体にラベルを付けておけ」あるいは「本体とラベルを分離したくてもできないようにしておけ」などである．

この成功のカラクリは，具体的な対策ではない．対策の上位概念である．成功のカラクリに「マニュアル化せよ」と書く人がとても多い．マニュアル化することは活動としては間違いではないが，マニュアル化というのは具体的な対策を社員に知らしめる手段である．どの考えをマニュアル化するのか，ということを書くのがこの「成功のカラクリ」である．

成功のカラクリを書いておかないと，具体的な対策を間違えてしまうから，ここは重要である．例えば，本体とラベルを分離して不具合事象が起こったのに，具体的な対策は「以後十分注意せよ！」「以後，徹底的に確認せよ！」というのが具体策になっていると大間違いである．なぜなら,「以後十分注意せよ」という対策の中に,「本体とラベルを分離するな」という概念は含まれていないからである．

どんな事例であっても，本体とラベルを分離して不具合事象が起こったと言える失敗なら，具体的な対策には本体とラベルを分離しないという概念が含まれていなければ論理矛盾であると言い切れるのである．以後十分注意せよ！というのは，ハマったワナを放置しておいて，人間の注意力でカバーせよ！と言っているのである．まさにこれこそ「頑張れ精神論！」である．

4.7　想定される未来の不具合事象

自部署の過去の失敗のカラクリや，他部署で生まれた失敗のカラクリをもってきて，それに自分の仕事の属性を付けて連想ゲームをすればよい．もう一度書くと，看護師の配薬ミスの事例から「本体とラベルを分離したら本体識別不能」という上位概念が生まれ，それに容器という属性を付けると，「あっ，採血容器も危ないぞ」という具合に連想ゲームをするのである．あるいは，他部署の失敗のカラクリをもってきて，自部署の属性を付けてもよい．起こる末端不具合事象は，事業部，部署，職種，専門分野，時代，などによって異なるが，人間がハマるワナはそれらに関係なく同じなのだから．

4.8　事例レベルの対策

事例レベルの対策も難しくはない．分析している過去や今回の不具合事象に，成功のカラクリを具体化して落とし込んでくればよいだけである．つまり成功のカラクリを事例に適用するのである．「本体にラベルを付けろ」を配薬ミスの事例に適用すれば，「ベッドから離れるときは患者に何らかの名札を付けろ」である．想定した未来の不具合事象に適用すれば，「検体を入れる前に容器にラベルを付けろ」となる．これらの考えを周知徹底するためにその内容をマニュアル化するのである．マニュアル化という行為自体が重要なのではなく，何をマニュアル化するのかが重要なのである．何でもかんでも，マニュアル化，ルール化，標準化，ばかり叫んでいる人は，それがわかっていないことが多い．

失敗学の本質や特徴を簡単に言えば，「事例レベルで物事を考えるのではなくて，一度概念レベルに昇華させ，概念レベルで演算をして対策の基本形を求め，それを事例レベルに戻してくる」ということである．まさに概念の上下動である．

第5章

今までの原因分析と対策は間違っていた

5.1　なぜなぜ分析について

「なぜなぜ分析」という分析方法自体は正しい．ただし，それが日本中で間違った使われ方をしているように思える．なぜなぜ分析には多くの流儀があるようだ．多くの人がそれぞれの定義や主張を繰り広げている．

そのようなときに，元祖が誰で，その元祖の人が言っているとおり行っているか否かは，比較的どうでもよいと筆者は考えている．手法・技法の元祖を調べ，その手法・技法の誕生の経緯や元祖の人の狙いを勉強することはとても有意義であることは確かだ．しかし，そのとおりにやらなければならない理由はない．仮に元祖の方法が自社にとって効果的ではないなら自社流に応用発展させて使えばいいのである．

会社の役に立てばどの流儀でも，どのように発展させてもかまわないが，適材適所だけは心がけたい．ご利益のない使い方をしていると，時間がもったいないし対策のピントがはずれてしまう．ここまでも，なぜなぜ分析についてたびたび触れてきたが，ここでまとめて再度記載しておく．元祖の人がどう言っているかは別にして，なぜなぜ分析の特徴について独自の考えかもしれないが筆者の考えを述べる．

5.1.1　なぜなぜ分析は，分析手法であって対策立案の手法ではない

「なぜ？」と聞いても対策は出てこないから，対策立案のときになぜなぜ分

析は関係ない．

不具合事象が起こった後，分析をする大目的はもちろん，対策を立案して二度と不具合事象を起こさないようにするためである．

対策はマニュアルやチェックリストやチェック体制などの仕組みになることが多いから，マニュアルや仕組みの抜けを探し，そこに対抗策を打つことが活動全体の大目的であると言い換えることもできる．

したがって「どの仕組みが抜けていたかを探すことが原因分析の目的である」という表現は間違いではないが，最初からそれを強調しすぎると「抜けを探すこと」＝「対策を考えること」と変化してしまい，後述のように対策を先に考え，対策反転型原因分析（結果論）をしてしまうという事態に陥りやすいのである．分析の目的までマニュアルや仕組みを作ることと勘違いして，このマニュアルがなかったことが原因である！という対策反転型原因分析を誘導してしまう．「原因は？」と聞かれて，「対策がなかったこと」と答えているようなものである．

ここで対策を立てるまでの過程を分解すると，原因分析と対策立案に分かれ，原因分析はさらに物理的原因（自然現象）の分析と動機的原因（人間が関与したこと）の分析に分かれる．その内なぜなぜ分析は動機的原因分析にこそ有効なのである．そこに使わなければもったいない．物理的原因と動機的原因がわかった後，論理的に対抗策を考えればよい．対策立案のときになぜなぜ分析は関係ない．

第２章の表現を使うならば，分析はアナリシスであり，今回起こった不具合事象を時系列に逆演算したり，各プロセスのどこで失敗が起こったかを考えたり，一連の不具合事象を分解調査しているのである．一方，立案はシンセシスである．分析結果にもとづいて，その失敗行動をしないように，さまざまなアイデアを発案・取捨選択・組み立てて統合していくのである．アナリシスとシンセシスを混同してはいけない．混同すると，なぜなぜ分析の目的は対策立案であるという勘違いを起こして，対策反転型原因分析ができあがってしまう．

分析するときは，ひとまず対策立案のことは忘れて，今回の失敗を理解する，つまり失敗のメカニズムを解明することに集中してほしい．ひとまず対策のことは考えず，当事者の考えと行動を理解しよう．「なるほどね～，そうしたくなるよね～」という動機的原因と失敗行動の理解である．その後，そのように考えなくて済むような対策を立案しよう．当たり前であるが，原因分析を先行し，原因がわかったらそこに対抗策を打つのである．

5.1.2　なぜなぜ分析は，人間に答えを求めている

自問自答でも他人に聞くのでもよいが，いずれにしろ**なぜなぜ分析は，人間に答えを求める手法である．**未解明で不可解な物理現象を解明する際に，研究者や分析者は頭の中で「なぜ？」と考えている．しかし，人間に「なぜ？」と聞いても答えは出ないから，実験，計算，事実や文献などの調査をするのである．

「なぜ？」と考えるからなぜなぜ分析だと言ってしまうと，すべての分析手法がなぜなぜ分析になってしまう．そもそもすべての分析手法は，「なぜ？いつ？何が？どちらが？どのように？」という問いに答えるものである．「なぜだろう」「○○だから」「なぜ○○なんだろうと」と繰り返して順次解明していくものである．

もっというと，科学つまりサイエンスは，何かに疑問をもち仮説を立ててそれを立証するという，疑問と仮説立証の手法で発展してきた．したがって,「なぜ？」と疑問をもつからなぜなぜ分析だというと，サイエンスまでなぜなぜ分析になってしまう．なぜなぜ分析の最大の特徴は，「人間に答えを求めること」である．そこに使わなければもったいない．

5.1.3　なぜなぜ分析と物理現象の解明は無関係

なぜなぜ分析と物理現象の解明は無関係である．物理現象が解明されていないときに，人間に「なぜ？」と聞いても答えられない．答えられるなら物理現象の解明は終わっている．物理現象がわからないときは，実験・計算・文献などの調査をするのである．書類の流れなどの事実経緯をはっきりさせるときは事実関係の調査をするのである．したがって，物理現象の解明や事実経緯の調査に，なぜなぜ分析は無関係である．

5.1.4　なぜなぜ分析は，人間の考えを分析する手法

なぜなぜ分析は，人間の考えを分析する手法である．人間が答えられること，人間が答えて価値があること，人間に聞くしか手段がないこととは，人間の頭の中にしかないことである．つまり人間の考えである．

「なぜ？いつ？何が？どちらが？どのように？」の中で，実験結果や分析機器や目撃証言では出てこないこと，客観的に証明できないことは人間の行動に対する「なぜ？」だけである．物理現象に対する「なぜ？」には科学が答えてくれる．

素直に考えても「なぜ？」という質問は理由を聞いているのである．なぜなぜ分析が人間に答えを求める手法であると認めてくれるなら，まさに人間の行動の理由を聞いているということになる．そう考えると，元祖の人がどう使っていたかは別にして，「なぜなぜ分析」はありがたい．実験や科学や事実経緯の調査では出てこないからこそ，人間に「なぜ？」と聞く．そこに大きな価値がある．つまり，

- **なぜなぜ分析は，動機的原因の分析ツールである**
- **なぜなぜ分析の分析対象は人間である**

と考えれば強烈な武器になる．

失敗とは人間の行動であると筆者は定義してここまで説明してきた．「燃焼炉の温度が300℃だったから」というように，理由の中身が物理的なものであっても，それは「燃焼炉の温度が300℃だったから，スイッチを入れた」というようにスイッチを入れたという失敗行動の動機を聞いているのである．燃焼炉の温度がそのとき300℃だったか否かという物理現象自体や事実関係は，データや聞き取り調査や目撃証言で出てくる話であり，人間の考えではない．

作業員に聞くときには，「そのとき燃焼炉の温度は300℃でしたか？（事実経緯や物理現象の調査）」「そのときスイッチを入れましたか？（事実経緯の調査）」と，「なぜスイッチを入れたのですか？（動機的原因の分析）」という質問は，分けて考えてほしい．

事務担当者に聞くときにも，「あなたはどこへ書類を送ったの？（事実経緯の調査）」という質問と，「なぜそこへ書類を送ったの？（動機的原因の分析）」という質問は，分けて考えてほしい．

5.1.5　なぜなぜ分析は必然的に「正当化なぜなぜ分析」である

産業界がなぜなぜ分析をどこに使ってきたかというと，品質や安全に関する不具合事象の分析であることは誰でも認めるであろう．少なくとも事件の捜査の道具ではない．つまり，悪意はなかった行動を分析対象にしている．であるならば，分析対象にしている行動は，正しい行動あるいは正しいつもりでやった行動である．

何回も書いたように，「配薬ミスをした」という行動を失敗行動と定義して分析のスタートにすると，悪意があるという意味はこの時点ではもっていないが，正しいことあるいは正しいつもりだったという行動を表してはいない．「配薬ミスをした」という行動に仮に動機があるとしたら，それは悪意しかない．もはや事件である．「配薬ミスをした」には動機は存在しないが，「ある患者にBさんの薬を渡した」という行動には動機は存在する．失敗行動であると後から定義される行動であっても，そのとき正しいと思って行動した，その行動を分析対象にしているのだ．

したがって，4.3.2 項でも述べたように，なぜなぜ分析は必然的に「正当化なぜなぜ分析」である．「そのときそれが正しいと考えた，それはなぜか？」である．

5.1.6　なぜなぜ分析は時系列の逆演算をしている

なぜなぜ分析は時系列の逆演算をしている． 当たり前であるが，人間は動機があって行動をする．行動をしたあと，動機を思いつくわけではない．動機は行動の前にもっていなければおかしい．何回「なぜ？なぜ？」を繰り返してもかまわないが，それは時系列を逆に逆に，現在から過去へ過去へとたどって行くものでなければならない．当たり前だと言われるだろうが，これを意識していない人が，「後から考えたことが動機でした！」と平気で結果論を言うのである．

読者のみなさんはどう感じられただろうか．お叱りを受けるかもしれないが，勇気を出して自分の考えを書いた．この考えにもとづいて，今までの原因分析と対策は間違っていたという話を以下に述べる．勘違いしてほしくないのは，今までの分析手法が間違っていたとは言っていない．さまざまな分析手法やそれぞれの流儀には，それぞれよいところや特徴がある．

筆者がこの第５章で「間違っている」と言っているのは，「元祖とは異なる」という意味でもないし，「分析手法自体が間違っている」という意味でもない．「その手法を使った効果が少ない」「分析手法の使い方を間違っている」「分析結果が間違っている」という意味である．

5.2 「物理的原因の解明・事象経緯の調査」と「失敗の原因分析」が区別されていない

間違った分析手法の使い方の筆頭が，「物理的原因の解明・事象経緯の調査」と「失敗の原因分析」を区別しないで使うことである．「物理的原因」と「動機的原因」が区別されていない．

不具合事象が発生したとき，まずは仮説，実験，計算などを駆使して経緯と物理現象を解明する．例えば，

> 「まず，設計においてこの部品の材料と形状を決定した．次に装置を組み立てるときに片面溶接によってその部品に残留応力が発生し，さらに使用時に外部応力も働いてその部品に大きな引張応力が働いた．これに大気の塩分濃度が高いことによる環境腐食作用が相まって，この部品の溶接部から応力腐食割れが進行して最終的に破断した．」

という経緯と物理現象を解明する．

あるいは事務手続きの不具合事象なら，ことの流れの経緯を調査するのである．

> 「この手続きにおいて，部品の型番を間違って発注仕様書に記載した．その書類を調達係に送り，調達係がそのまま発注した．その後当社にその部品が納入された．検収係が発注仕様書と納入された部品を突合し検収印を押して受領した．」

という事実経緯を調査する．

それらの，「物理的原因の解明・事象経緯の調査」が終わった後，なぜなぜ

分析や失敗学が登場するのである．つまり，人間を分析するのである．物理現象さんが失敗したのではなく，人間が失敗したのであるから当然人間を分析しなければ失敗は止まらない．

まず，その一連の物理現象や事実経緯の中で，人間の失敗行動はどこにあったのか？を定義するのである．それが失敗学でいう失敗の定義(どの行動が？)である．この「どの行動が？」と問うことを「なぜなぜ分析」と言うなら筆者にとっての「なぜ1」である．物理的原因の解明・事象経緯の調査がしっかりできていれば，失敗の定義は簡単なはずである．今回の不具合事象を引き起こす発生源になった人間の行動である．

例えば，失敗の定義は「この材料を選定したこと」でもいいし，「この形状にしたこと」でもかまわない．あるいは「片面溶接をしたこと」という定義もあり得る．前述したとおり，どれを失敗とするかは会社の方針や考え方にもよるのである．たくさんの失敗があったというなら，フレームワークをそれぞれに分けて書けばいいのである．それぞれの失敗にワナがある．ただし，できるだけ発生源のフレームワークは外さないでほしい．

その次に，「なぜそれで行けると思ったのか？」という動機的原因を解明する．これが筆者の「なぜ2」である．動機的原因が明らかになれば人間がハマったワナが明らかになり，当社にとってとても役に立つ上位概念が生まれるはずである．

ところが多くの会社で，なぜなぜ分析が物理現象に関して使われているのである．それが次のような具合である．

不具合事象：ある部品が市場で破断した
なぜ1＝なぜ破断したの？：繰返し応力が働いたから
なぜ2＝なぜこの程度の繰返し応力で破断したの？：もともと残留応力があったから
なぜ3＝なぜもともと残留応力があったの？：片面溶接によって残留応力が発生したから
なぜ4＝なぜ片面溶接で残留応力が発生するの？：膨張した高温部が収縮するときに高温だったところに最終的に引張り応力が残るから

なぜ５＝なぜ最終的に引張り応力が残るの？：低温部はもともと膨張していないので，高温部といっしょに収縮することができずに突っ張ってしまい高温部の収縮を阻害するから

以上，原因の深掘り完了！

読者のみなさんはもうおわかりだろう．これらはなぜなぜ分析で人間に聞いて答えがわかったのではなく，仮説，実験，計算，調査した結果わかった物理的原因である．それを，**なぜなぜ分析風に説明**しているだけである．つまり，なぜなぜ分析が，**物理現象を部長に説明する道具**として使われているのである．なぜなぜ分析は，物理現象説明の道具ではない．分析の道具である．人間の分析をしてほしい．

上述したように，まず「物理的原因の解明・事象経緯の調査」を行い，次に「失敗の原因分析」をするのである．不具合事象が起こったストーリーを人間の失敗と物理現象(自然現象)に分けて考えよう．人間の失敗があって，人間が設定したとおり，正確に物理現象(自然現象)が起こり，最終的に不具合事象が発生したのである．

「部品が破断したのが失敗だ！」つまり，物理現象＝失敗だと言っている限りその分離ができない．

不具合事象に至るストーリーには２種類しかない．人間の行動と自然現象，つまり「人間の失敗」と「物理現象や事実経緯」である．前半の失敗の主語は人間であり，失敗とは人間の行動である．行動の原因には動機的原因しかない．

したがって，不具合事象に至る原因にも２種類しかない．「動機的原因」と「物理的原因」である．なぜなぜ分析は人間に理由＝動機を聞いて分析する道具であるから，動機的原因の分析にこそ使うべきである．

5.3　対策反転型原因分析

対策反転型原因分析を，間違ったなぜなぜ分析結果を使って説明しよう．不具合事象は，起承転結のストーリーで起こることは説明した．起承転結という

順番は左から順に時系列に並べたものである．起＝動機，承＝行動，転＝どんでん返し，結＝不具合事象（人間にとって不具合な物理現象や不都合な結果）ということがその順番で時系列に起こるのである．さらにそのあとに，発見から後始末，という順番で物事は起こる．

さて5.1.6項で述べたとおり，なぜなぜ分析は時系列の逆演算分析手法である．

そこで考えてほしい．今回のことにマニュアルがないことに気づいたのはいつだろうか？発見から後始末のときである．場合によっては後始末が応急措置だった場合は，その応急措置の後の本格調査で判明したのである．つまり，マニュアルがないことに気づいたのは，行動をした瞬間のおそらく1カ月も後のことである．それが，今回の行動の原因であるわけがない．時系列の順番がおかしい．

くどいようであるが，これが対策反転型原因分析である．ベテランは不具合事象が起こったときに，先に対策を思いつくのである．それが「マニュアルを作ること」である．その次に「そのマニュアルがなかったことが今回の原因である」，と話を作るのである．完全に結果論であり，起こったことの時系列の順番がめちゃくちゃである．**マニュアルがなかったことと，失敗行動の原因は無関係である．**人間はマニュアルがないから何かの行動をするわけではない．むしろ，行動をする前にマニュアルがないことに気づいていれば，「まずいな！」ということに気づいているので，その失敗は起こりにくい．

マニュアルがなかった，ルールがなかった，標準化されていなかった，といったマニュアルに関する原因を語りたくなるにはもう1つ理由がある．それは，責任追及を恐れているためだ．責任追及を恐れるがあまり，「個人の判断や行動を原因にしない」という風潮が日本中で流行していて，「主語を私たちという複数形にしなさい」「仕組みや組織要因のところまで深掘りしなさい」という指導が社内で行われているからである．

私たちは○○というチェック体制やマニュアルをもっていなかった，これが原因であるという分析である．正しい方法を教えるマニュアルや誤ったことを早期発見する仕組みは，対策を作るときに考えることであり，原因を分析するときに考えることではない．

マニュアルや仕組みがなかったのであるから，正しい道も誤った道も当事者に提示されていない．だとしたら，誤った道を選ぶ可能性と同じだけ，正しい道を選ぶ可能性もあったのである．誤った道を，そのときそれが正しい道だと考えてしまったことが原因なのである．このことはもっとわかりやすく，第６章で分岐点のイメージ図（図6.1, p.108）を使って説明する．

5.4　わざとぼかした原因分析

5.4.1　原因は会社の体質？

間違ったなぜなぜ分析結果のパターンの１つとして，原因をぼかすパターンが日本中で大流行している．「原因の深掘り」と称して，「なぜ？」を５回も言わされるから，３回目ぐらいから書くことがなくなって，組織風土や会社の体質の話を始めてしまうパターンである．

個人の責任追及をしないのはそれでよいし筆者も賛成であるが，そのために原因をぼかしたり原因を変えてしまったりしてもよいとは思わない．責任追及を恐れるがあまり，組織風土，会社の体質，仕事の仕組み，というところに原因をもって行くやり方には賛成できない．

例えば，こんな事例を考えてみよう．コスト低減重視のために，今まで採用していた高価な部品を，設計者が同等品といわれる廉価版の部品に変更したら市場でその部品が壊れた，という事例である．このような事例で，よく見かける分析は以下のとおりである．

会社の体質に至ってしまう「なぜなぜ分析」

Q　なぜ，その廉価版の部品を採用したのか？

・コスト低減のために．

Q　なぜコストを低減したのか？

・コスト低減重視という会社の方針があったから．

Q　なぜコスト低減重視という方針があったのか？

・会社の体質が悪いから．

以上，なぜなぜ分析・深掘り完了！といった具合である．この分析は大間違いである．

設計者は，この部品では必ず壊れるとわかっていてそれを採用したわけではない．もし，それをやったならもはやそれは失敗ではない．正しいことをしているつもりもないし，意に反することも起こっていないから失敗の定義に反する．

この廉価版の部品でも行けると評価・試験・計算したからその部品を採用したのである．壊れるか否かの話をしているのだから，コスト低減重視の話をもち出すのはおかしい．

5.4.2　正しいと判断したのはなぜか

筆者が考える正しいなぜなぜ分析を行うと，以下のとおりである．

Q「そのときそれが正しいと判断した，それはなぜか？」を変形すると，
設計変更したときその部品で壊れないと思ったから採用したんだよね？
それはなぜ？
・評価試験をパスしたから

以上，この分析で十分である．しかし実際は壊れたという結果が存在するのだから，それを採用した動機(起)と壊れたという結果(結)で挟み撃ちすると，判断基準とした評価試験の方法や設計の考え方のどこかが誤っていたのである．

例えば，部品変更に伴い若干形状が変わっていた場合，形状を変えたことによってある方向の力に耐えられなくなったのであって，変更点を見落としたのである．

形状は変わっておらず，材料を変えたら壊れたというのであれば，材料の耐力が下がってしまったか，腐食などの化学的負荷に耐えられなかったのであって，これも変更点を見落としたのである．

あるいは，形状も材料も変えたつもりはないと言うのなら，以前のサプライヤーと今回のサプライヤーで，材料記号は同じであってもわずかに材料成分が異なっていたのかもしれない．仮に電圧で壊れたというなら，同等品ではあったがわずかに耐電圧性能が落ちていたのである．その場合，わずかな性能低下で壊れてしまったということになるから，以前の設計で壊れなかったほうが偶

然だったのである．つまり，もともと安全率が小さすぎたのである．

形状変更，材料変更，サプライヤー変更のいずれにおいても，設計の失敗だけではなく評価試験の考え方も誤っていたのである．設計したことが設計どおりであることを確認することが評価試験だと考えている人が多い．設計ですべてを考えつくせるわけがないから評価試験をするという考え方が必要である．

つまり，評価試験のもう１つの目的は，設計していないことの洗い出しである．そのためには，仕様値で試験を通過することだけを見ているのではダメで，壊れるまで試験をやらなければならない．大手の自動車メーカーではこれを，「死に様評価」と呼んでいる．限界試験，破壊試験である．限界値や壊れ方を見届けておかないと心配で出荷できない，という考え方である．それをやっていれば，実際の安全率を評価できるので，わずかな形状変更，材料変更，材料成分の違いや，耐電圧性能の低下で壊れるかもしれないということは想定できたはずである．

設計書で安全率を計算しているにもかかわらず，限界試験をやったことがないという会社が多い．安全率は机上の空論だったのである．

形状変更，材料変更，サプライヤー変更のいずれにしろ，設計や評価試験に関して何かが足りなかったのは事実だが，誰もそれに気づいていなかったのである．設計したことが設計どおりであるという結果を見れば多くの人は，評価試験結果は完璧だ！と考えてしまう，そのワナにはまっていたのである．決して，安全率なんかいらない，限界試験なんか無駄だからやめておけ，とわかっていてわざと無視したわけではない．みなさんの会社はそんな不謹慎な会社ではないはずだ．

そのワナに気づいたなら，破壊試験法を構築したり，それをやるマニュアルや部署を作ったりと，仕組みや組織を作ればいいのである．その仕組みや組織づくりは，対策として正しい．しかしその対策を反転して，「仕組みや組織がなかったのが原因だ．したがって組織が悪い」という原因分析は間違いである．

コスト低減の話に戻すと，コスト低減重視という考えはいつの時代もどの会社でもあくまでも正しい．コスト低減を重視しなくなったら，おそらくその会社は倒産する．「壊れてもいいからコストを低減しろ」「安全を犠牲にしてでもコストを低減しろ」という命令や組織風土があったなら，組織風土が原因であるが，そんなことは誰も言っていないはずだ．

誰も言葉にはしていないが，コスト低減重視というのは，性能を満たす範囲で，壊れない範囲でコストを低減しろ！という意味であるはずだし，設計者もそれはわかっているはずである．つまり重視というのは重要視しろといっているだけで，壊れないという性能よりも，安全よりも重視しろという比較をしているわけではない．それがなぜ，コスト低減重視という会社の体質が悪いから壊れたという話になるのか？会社の体質とは関係がないのである．

一方，確かに組織風土が原因となって起こる失敗は，まれではあるが存在する．組織風土が原因で起こる失敗は，事業の成功不成功，利益の大小，顧客の信頼の有無が組織の存亡にはあまり関係がない，むしろ，倒産する心配がない組織で起こりやすい．明らかな違法行為を黙認する組織はまずないであろう．組織風土が原因で起こる失敗というのは，多くの場合グレーゾーンの行為に関して起こる．今までもそれをやってきたから誰もそれに異論を唱えなくなって，グレーゾーンの行為をやっているという意識すらなくなってしまった場合である．一般企業では，事業の成功不成功，利益の大小，不正行為が発覚したときの顧客からの信頼の低下は組織の存亡を左右するので，自制心や自浄効果が働くため変な風土や体質は育ちにくい．

5.4.3　原因は忙しかったから？

わざとぼかした原因分析結果として，「忙しかったから」という原因を書く人が多い．忙しかったからその部品を選定したのだろうか？おそらくそれは違う．忙しいということと部品を選定したということはBecauseでつながらないから論理矛盾である．いくら忙しくてもその部品を選定するにはそのときそれが正しいと思った動機があったはずである．その動機ではうまくいかないというワナにハマったのである．

正しいと思う理由がないまま，それに気づいていたけれど，忙しいからこの部品で行っちまえ！と選定したなら，忙しかったから何も考えずに(選定した)という動機は成立することが万に1つぐらいはあるかもしれない．あるいは，忙しくて月に数百時間も残業し，すでに正常な判断力がなくて意識もうろうとして仕事をしている．その場合は，その人に論理性はないので何をやらかしてもおかしくない．もはや，その人の行動について論理的な分析をする意味がないのである．それが常態化していることを知っていて幹部がそれを放置しているというなら会社の体質や組織風土が原因である．

人間は何も考えずに選定したり判断したりできないものである．忙しかったから，という理由が浮かんだときはこのように自問自答してほしい．

「忙しくなければ自分はこの間違った判断をしなかったか？」もし，「しなかった，YES」と即答するなら忙しかったからという理由は正しいかもしれない．もしYESかNOか一瞬でも迷うようであれば，少なくとも忙しかったからという単独の原因で発生したわけではない．忙しいという事態は考える時間を減らしてしまうことは事実であるが，考える時間はゼロではなかったはずである．他にも原因があるのである．組織風土の改革もやればいいが，その他の原因を取り除くことも考えよう．

筆者が言いたいのは，組織風土が原因ということもまれにはあるが，何でもかんでも組織風土のせいにするのは間違いであるということである．

5.5　論理性に乏しい言葉の使い方や原因分析

5.5.1　適切な言葉を使っているか

根本原因，真の原因，直接原因，間接原因，背後要因，原因，要因，と産業界で行われている分析手法や原因を表す言葉が山ほどあって，会社内で論理性に乏しい使い方をしている例が多々ある．

例えば，根本原因と真の原因はどこが違うのか，納得できるような説明を筆者は聞いたことがない．会社内で定義していればそれでかまわないが，その定義と使っている言葉の論理的整合性が乏しいのである．

多くの会社では明確に定義をしないまま，なぜなぜと５回も繰り返し，これは根本原因に書きなさい，これが真の原因ですよと上司から指導を受けたりする．設計や製造の現場の人は，論理的に理解できないし，筆者も理解できない．

繰り返すが，会社には会社の独自の定義があってもかまわないが，その定義は誰が聞いても論理的に納得・区別できるものであって，それが組織の中で意思統一，共有されている．そんな言葉を使ってほしい．製造現場の人が，何かの原因のセリフを思いつき，それをたくさんある書類の，こっちの書類の真の原因に書こうかな？それともこちらの書類の根本原因に書こうかな？と頭を悩めている時間がものすごく長いのである．そんなことに大切な時間を使わせるのはそろそろ止めようではないか．

そもそも，真の原因とは何か？真の原因があるというなら，真ではない原因，つまり虚偽の原因があるというのか？虚偽とまでは言わないが，見せかけの原因というのがあるのか．虚偽の原因も，見せかけの原因も，真の原因ではないものは，単に原因ではないのである．

つまり，「真の」，「根本」という言葉の定義が曖昧であり，筆者には意味のない言葉や分析のように思える．もし，それらの言葉に大きな意味があるのならそれでもかまわないが，それがわかる適切な言葉を使ってほしい．

5.5.2　要因と原因

物理現象には正解不正解がある．実際に起こることが正解で，思ったとおりのことが起こらなかったら，人間の理解のほうが間違っているのである．それに対し，言葉というのは人間が作ったものであるから，誰にも正解を決める権利はない．『広辞苑』に書いてあったから正しいとは限らない．多数決によって正解が変わることもある．多数決と書いたのは，好むか好まざるかは別にして，言葉は時代とともに変わっていくものだからである．昔とは異なる使い方でも，長い時間をかけて大多数がその使い方をするようになれば，悲しいことに定義が変わってしまうものなのである．そこで，言葉については一般的な概念や多数決，あるいは漢字がもっている概念などから正しそうなものを考えて使っていくしかない．

例えば，原因と要因は何が違うのか？『広辞苑(第六版)』によると，
「原因とは，ある物事を引き起こすもと」
「要因とは，物事の成立に必要な因子・原因．主要な原因」
と定義されている．これを読んでも筆者にはほとんど区別はつかない．

原因の定義から言えることは，原因はもとになるものであって，数は限定し

ていない．単数でも複数でももとになっているものは原因である．確かに，不具合事象が起こる必要条件は複数であることが多い．これとこれが重なったからこそ起こる不具合事象という場合である．

一方，要因の定義から言えることは，原因には主要なものと主要ではないものがある，つまり複数であるということと，その中で主要なものを要因と呼ぶということである．

筆者はつい先日まで，要因の「要」は要素の「要」であるから，原因の中にはたくさんの要素があって，その内のどれか１つ(一要素)をさすときに要因というのかと考えていた．

『広辞苑』の定義によると筆者の考えとは若干だけ異なり,「要」は「かなめ」という意味であるという考えらしい．原因の中にはたくさんの要素があって，その中で主要なものだけを要因という，という説明になっている．

筆者の勝手な考えと『広辞苑』の共通点は，

・原因は複数の要素で構成されている集合体であるということ

・要因は原因の中で単数あるいは少数の要素をさすときに使う言葉であるということ

筆者の勝手な考えと『広辞苑』の相違点は，

・筆者は要素のどれか１つをさすときは，どれでも要因と呼び，

・『広辞苑』では主要な要素をさすときだけ要因と呼ぶ，

というところである．原因は集合体全体をさすときに，要因はその集合体の中の少数部品をさすときに使う言葉であるという理解は共通である．

産業界でよく聞く定義は，筆者の考えとも『広辞苑』の考えとも異なる．要因はたくさんあって，そのなかで原因は１つあるいは少数である，という考えである．それと類似の考えで，要因は原因になり得る恐れがあるもの，つまり候補であって，原因はその候補の中で今回のことに関係したもの，という考えである．要因よりも原因のほうが少ないのである．筆者や『広辞苑』とは，逆に近い概念である．

それが転じて，「要因は証明されてこそ原因となる」というセリフをたびたび聞く．こうなってくると，もはや漢字がもっている概念とはかけ離れてくる．証明されていないものが要因で，証明されたものが原因であるという概

念をそれらの漢字からくみ取れるだろうか．少なくとも筆者の感覚ではそれはくみ取れない．また，そのように定義するなら筆者がいう動機的原因は原因にはなり得ない．動機は頭の中にしかないので客観的には観察不可能で，絶対に証明できないからである．このセリフは実は，有名俳優がテレビドラマの中で語った名ゼリフである．

要因は原因になり得る恐れがある候補であって，原因はその候補の中で今回のことに関係したもの，という考えとするならそれでもかまわないから，原因，要因なんて言葉を使わないで，素直に「原因候補」と「今回の原因」と言えばいいのである．

有名俳優のセリフをそのまま使ってもかまわないが，それを説明したいなら，原因と要因という言葉を使わないで，「未証明の原因候補」と「証明済みの原因」と呼べばいい．

言葉をどのように定義しても自由であるが，もっとわかりやすい言葉を使ってほしい．わかり難い定義や，曖昧な定義が現場に混乱をもたらし，分析の書類書きに多大な時間を要する「原因」になっていることは事実である．

5.5.3 むやみに用語を増やさない

ある一流会社でおもしろいことを聞いた．現場の人は3行ぐらいの原因を表す文を思いつき，それを書類に書くときに5等分して書いているそうである．なぜなぜ5の5つの枠を埋めなければならないから，5等分するのである．同じことを書くと叱られるので，少しずつ単語を変えて，5つの枠を埋めるのである．その結果，読んでもどこが違うのか理解できないなぜなぜ5，堂々巡りのなぜなぜ5ができ上がってしまう．

こうなると，もはや本末転倒である．書類書きのための分析である．教育が行き届いている一流会社でもそのような状態であるから，多くの会社でなぜなぜ5を上手に使えていないことは容易に推測できる．なぜを5回言いなさいと指導するなら，その5回の意味や違い，分析の考え方をもっと論理的に教育して有効活用してほしい．

筆者の拙い勉強範囲の多数意見では，5回というのは経験から出てきた回数で，だいたい5回やると真の原因にたどり着くということらしい．それならそうと，ちゃんと説明すればいいのである．「真の原因」という言葉の定義とともに．

筆者は，「根本原因，真の原因，直接原因，間接原因，背後要因，原因，要因……という言葉を使うな」，「これらは誤りだ」と言ったのではなく，使うなら社内でしっかり定義してほしい，願わくばその定義にピッタリの言葉に代えてほしい，と言ったのである．そうしないと，それらを使った効果が少ないどころか混乱を招いていると言ったのである．

筆者も実は2009年に出版した『失敗学と創造学』で，「動機的原因や言い訳」のことを「真の原因，根本原因」と言い換えたりすることがあった．その時点から現在にわたって失敗学の主張は何も変わっていないが，最近は真の原因，根本原因という言葉を使うのは止めた．言い換える必要がないし，会社の人が混乱するからである．

筆者の考えは以下のとおりである．分析対象は人間行動と自然現象の２つ，それらを分析した原因は動機的原因と物理的原因の２つで十分だ．シンプル・イズ・ベストである．

第6章

失敗のイメージ図

6.1　成功と失敗の分岐点

失敗ということ自体をイメージ図にしておく．これが頭に入っていれば，さほど間違った分析はしないはずである．

「失敗した」というかぎりは，成功への道があったはずである．成功への道がなかったら失敗とは呼ばない．そもそも誰がやっても無理なことは，失敗とは呼ばないのである．失敗と呼ぶ限りは，成功と失敗の分岐点があったのである．

さらに1.3節で述べたように，すべての失敗は想定外だったのである．分岐点があった，想定外だった，という2つのことを踏まえて，成功と失敗の分岐点のイメージ図を描いてみよう（図6.1）．

分岐点の略図を描け！というとほとんどの人は図6.1(a)の大文字Yの字を描くだろう．こんな分岐点で失敗する人はいない．なぜならYの字の下から上に向かって歩いてきて，分岐点で突き当たるので，自分が分岐点にいることがわかる．分岐点にいることさえわかれば，どちらに行くかを十分に考えて選ぶからほとんどは成功の道を選ぶだろう．われわれが失敗する分岐点はこの大文字Yの字ではなくて，図6.1(b)である．左下から右斜め上に向かって歩いていて，そこに分岐点があることに気づいていない，今歩いている右斜め上への道しか見えていないのである．なぜなら，すべての失敗は想定外だからである．また，想定外なのだからその分岐点に看板は立っていない，つまりマニュ

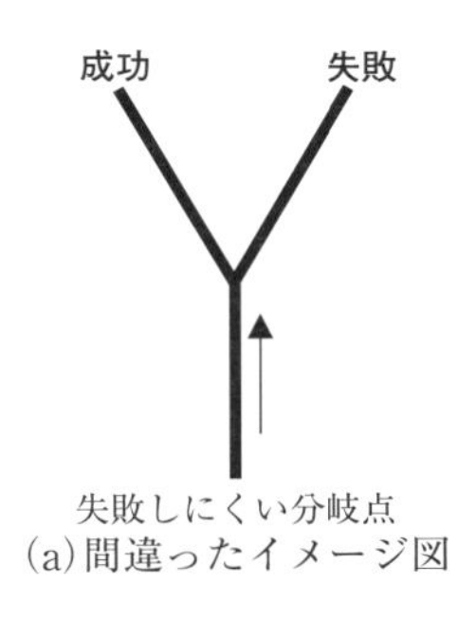

(a)間違ったイメージ図

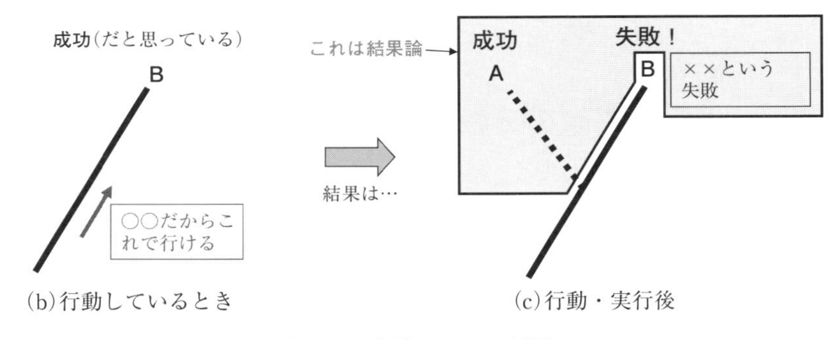

(b)行動しているとき　(c)行動・実行後

図 6.1　失敗のイメージ図

アルはない．全体マニュアルはあっても，その状況変化や変更点に関するマニュアルは作っていないのである．今歩いているＢの道のゴールに成功があると信じているのである．

　ところが行ってみると，Ｂの道のゴールには××という不具合事象が待ち受けていたのである(図 6.1(c))．大文字Ｙの字ではなくて，小文字ｙの字を歩いたのである．このイメージを頭に入れてほしい．

　そして後から，「あのときＡの道を選んでいれば，こんなことには……」と，分岐点がどこだったかがわかるのである．つまり図 6.1(c)の線で囲んだ部分は全部結果論である．判断ミスを重ねたのが原因だったというような結果論は役に立たないことを認めてくれたなら，動機的原因分析，つまり「起承」の話を分析しているときに，この囲んだ部分，つまり「転結」の部分の話は一切出てきてはいけない．失敗学では，このＡとＢの分岐点においてＢの道を選んだ行為を失敗行動と呼ぶ.

次に，不具合事象が発覚した後，なぜなぜ分析などの調査をするので，失敗行動をした瞬間からずいぶん時間が経っている．調査の際に，Bの道を選んだ動機的原因(言い訳)を言ってください，つまり図6.1(c)の右上方向に向かう矢印を教えてください，と問うても分岐点を通過したときのことを忘れてしまっている．あるいは日本の反省の文化が邪魔をして，次のような動機的原因(言い訳)ばかりが出てくるのである.

・Aをやるべきだったのに Bをやってしまったのが原因である(ごめんなさい).
・Aを選べなかった理由
・まさか××が起こるとは思っていなかったから

Aをやるべきだったのに Bをやってしまったのが原因である(ごめんなさい)，というのは動機ではなく，調査後に整理した事実経緯を説明しているだけである．動機になっていないし，反省文であり，結果論でもある.

6.2　なぜ自信をもって失敗行動を選んだのか

Aを選べなかった理由，これの代表的なセリフが，「マニュアルがなかったから」「忙しかったから」という言い訳である．これは「Aを選びなさいという，私に正解を教えてくれるマニュアルがなかった」「忙しかったからAのことを考える余裕がなかった」という意味であろう．Aを選べというマニュアルがなければ自動的にBを選ぶのか？ Bのことを考える余裕はあったけど，Aのことを考える余裕がなかった理由があるのか？この図は省略して描いてあるが，Cを選んでもDを選んでもよかったのである．さらには想定外なのだから，Aを選べというマニュアルがないことにも気づいていなかったはずである．そのとき「Aを選べというマニュアルがないからBにしよう！」とは絶対に考えていなかったはずである.「忙しかったからAのことを考える余裕がなかった」などと言ってほしいのではない．結果論のAの話はしていないのだ.

あなたは自信満々でBの道を選んだのである，その理由を聞いているのだ.

「そのときBが正しいと考えた，それはなぜか？」と聞いているのである．

まさか××が起こるとは思っていなかったというのは，完全無欠の結果論である．「バッバツのバ」の字も考えていなかったのであるから，そのとき「まさか××は起こらないだろうからBにしよう」とは考えていなかったのは明白である．これらの話はすべて，図6.1(c)の線で囲んだ中の話である．

このようにAを選べなかった理由と，自信満々でBを選んだ理由はまったく異なるのである．その後者を聞きたい．当たり前であるが，人間はその瞬間にもっている考えでしか気づくことはできない．Bの道を選んだ瞬間にもっている考えは，「○○だからこれで行ける！（起＝動機的原因）」という考えだけである．そして行動(承)した結果，「××という不具合事象(結)」にたどり着いたのである．この，「○○だからこれで行ける！（起＝動機的原因）」と「××という不具合事象(結)」を結びつける関係式，結＝f(起)の関数fがワナ(＝転)である．「転」という関数に「起」という考えを代入して計算(承)すると「結」という不具合が起こる！

前述したとおり，失敗のカラクリにはまずは起承転結のまま書けばいい．

失敗のカラクリ：起と考えて承をすると，転が待っているので結が起こる！の法則．

もしもっと短くしたければ省略したり取捨選択したりして，短くて意味がわかるセリフにし，最後に一般化すればいいのである，ということはすでに説明したとおりである．

ちなみに，小文字yの字を使った表現方法は筆者が考えたものではなく，ある大きな会社の品質保証部の部長さんが考えてくれた．失敗学はクライアント企業とともに発展している．感謝感激である．

第７章

「よく見かける分析」と「失敗学を使った分析」の比較

7.1　よく見かける分析

7.1.1　ありがちな分析の欠点

コンサルティングをやっていてよく見かける事故報告書を説明する．なお，この事故報告書は筆者が作ったフィクションである．技術的にはこんな装置は存在しないので，この事故報告書を技術的な資料として参考にされないようにお願いする．

製品や技術に関してはフィクションであるが，産業界でよく書かれている報告書のストーリーや骨子を再現したものである．この章も前述したことの繰返しが多いが，理解を深めるために事例と一緒に再度説明していることをご理解いただき，我慢して読んでほしい．

事故報告書　　タイトル：X 社様向け B 型発電機焼き付き不具合

当社の新型発電機である B 型発電機において，納入先の X 社から「先日まで冷却液を流す制御が頻繁に ON，OFF を繰り返していたと思ったら，とうとう本日回転軸が焼付いて停止した」とのクレームがあった．当社品質保証部が現地調査したところ，以下のことが判明した．

B 型発電機は大電力タイプなので，必要なときだけ冷却液を軸受けにかける方式が採用されている．その軸受けには本来密閉タイプの「シール形軸受け」を使用しなければならない．しかし，納入された発電機には従来型小電力のＡ型発電機に用いられている密閉性能がない「シールド形軸受け」が組み込まれていた．

そのため，軸受け内部に冷却液が入り込み潤滑油が流れ落ち，軸受け温度が上がってしまっていた．それを温度センサーが検出して冷却液の制御をONにする．冷却液がかかると軸受け温度は比較的短時間で下がるので冷却液は止まる．本来，冷却液は長時間運転が続いたときだけわずかな時間ONになるものであるが，この現象により頻繁にON，OFFを繰り返していたものと思われる．潤滑油が無く高温の状態が頻繁に生じたので，最終的に軸受けが摩耗し焼付いたと考えられる．

原因：軸受け部品間違いによる潤滑剤切れ

対策：回転軸を再製作，正規の軸受け部品を購入し，現地で再組立した

再発防止策：冷却液がかかるところには密閉タイプの軸受けを使用するようマニュアルを作成し周知徹底した

話はそれるが，転がり軸受について技術的なことに少し触れておく．機械技術者でも勘違いしている人が多いからである．転がり軸受けにはオープンとシールドとシールの３つのタイプがある．機械技術者でも，シールドという言葉はシールの過去形あるいは過去分詞形だと勘違いしている人が多い．実は軸受けのシールとシールドは綴りがまったく異なる．シールは「seal」であり意味は封印，密閉，一般用語で言えばパッキンである．シールドは「shield」であり意味は遮蔽体，一般用語で言えば壁である．確かに動詞としてのsealの過去形・過去分詞形(sealed)もカタカナで書けばシールドではあるが，軸受けで使うときのつづりはそれではなくshieldである．

シール形軸受けにもいくつかのタイプがあり，外部からの液体には不向きというタイプもあるが，大雑把にいうと密閉タイプである．大きな圧力には耐えられないが，ある程度の圧力の液体には耐えることができ軸受け内部を保護してくれる．それに対し，シールド形では壁が立っていて，外部からのゴミの進入や軸受けのグリス飛散は防いでくれるが，外部から来る液体をシャットアウトする密閉性能はない．

さて，話を戻して読者のみなさまもいっしょにこの報告書に突っ込んでほし

い．間違ったことが書かれているわけではないが，これでは原因分析も対策も中途半端である．何が中途半端かというと，以下のような点である．

①　判明した話の中に人間が登場しない

唯一の登場人物は当社品証部の人であり，その人の行動は調査に行ったということだけで，調査の結果判明した話の中に人間は登場しない．

なぜそれで報告書を書けてしまうかというと，主語は全部技術や部品（方式が，軸受けが）で受け身（採用されている，組み込まれていた，～されていた）表現で書くからである．もう 1 つは，状態表現（この文章にはないが，例えば，スイッチが入っていた）という書き方をするからである．会社で書かれている書類は，受身と状態表現ばかりである．まるで，神様がシールド形軸受けを採用し，神様がスイッチを入れたかのようである．

②　これは物理現象の解説書である

人間が失敗した瞬間の話はまったく出てこない．まるで物理現象さんが失敗したかのようである．設計者がシールド形軸受けを採用したのか，あるいは設計図にはシール形軸受けが書かれていたが，組み立て工程でシールド形に変わってしまったのか，どの段階で失敗が起こったのかがまったくわからない．人間が登場しない以上，今回の一連の不具合事象の中で，どの段階の人間行動が失敗だったのかという話も当然のことながら出てこない．人間が失敗した後，冷却液がどうなって，潤滑油がどうなって，センサーがどう反応し……という焼き付きに至る物理現象のことしか書かれていない．

③　原因に書かれていることは物理的原因のことだけである

「原因：軸受け部品間違いによる潤滑剤切れ」と書かれている．

しかし，設計者がシールド形軸受けを採用したのだとしたら，なぜそれを採用したのかという肝心な動機的原因が書かれていない．5.2 節で述べたように，人間行動と物理現象，動機的原因と物理的原因を区別するという意識を持たないとこうなってしまうのである．

④　対策に書かれていることは，今回の不具合に関する後始末（尻拭い）の話だけである

「対策：回転軸を再製作，正規の軸受け部品を購入し，現地で再組立した」とある．

確かに，会社にとって，今回の不具合事象に関してどのように代替品を納入し，どのように顧客に謝って事を治めたかは重要である．言葉にはいろんな意味があるので，尻拭いの話もある種の対策といえるのかもしれない．しかし，それだけで終わってしまっては，再発防止も未然防止もできない．

⑤ 再発防止策に書かれていることは，人間が失敗したワナが不明のまま，正しいことを知らしめる話だけである

「再発防止策：冷却液がかかるところには密閉タイプの軸受けを使用するようマニュアルを作成し周知徹底した」

ここに書かれている命題自体は技術的にも論理的にも正しいが，さて，失敗した原因はそこだろうか？この再発防止策から推測すると，設計者が「冷却液がかかるところには密閉タイプの軸受けを使用する」ということを知らなかったことが原因だということになる．それを知らしめることが再発防止策だと言っているのだから．これを知らなかったことが原因だというなら，この再発防止策はあっているが，本当にそこだろうか？という心配が残る．知らなかったことが原因だとしっかり分析してこの対策を打ったならそれでOKであるが，それなら原因欄には「知らなかったことが原因である」と書いてほしい．

みなさんはどう感じただろうか？突っ込みどころ満載の報告書である．自社の書類をもう一度見直してほしい．筆者が見てきた限り圧倒的にこのパターンが多いのだ．このパターンとは，

- 物理現象や起こった事実経緯という客観的事実だけに着目している．
- 例えば，「A部品を使わなければならないところにB部品を使った」という客観的事実だけに着目すると，正しいことを先に思いつく．「A条件の際はA部品を使え」という正しいことを思いつく．
- 正しいことを思いつくと，その正しいことを知らしめるマニュアルや，間違っていることを早期発見するチェック体制・管理方法などの仕組みだけを対策としてしまう．「A条件の際はA部品を使うことをマニュアルで周知徹底した」という対策である．
- 客観的事実だけに着目して原因を語ると，「Aの際にBを使ったこと＝部品間違い」という，客観的事実や人間の行動自体を原因としてしまう．あるいは，客観的事実から求めた対策を先に考えるとそれを反転して，「そ

のマニュアルが抜けていたことが原因である」と対策反転型原因分析をしてしまう.

もちろん，正しいことを正しいと知らしめるマニュアルも必要である．筆者はそれが要らないと言っているのではない，中途半端だと言っているのである．マニュアルや仕組みも要らないと言っているのではなく，マニュアルに何を書くか，何を管理する仕組みか，という中身が重要なのである．

人間は動機があって行動をするのである．当事者がなぜ正しいと思ってBを採用したのか，その動機的原因(人間の考えであって客観的事実ではない)を分析し，その考えが間違っていたのだから，その考えに対抗策を打つマニュアルや仕組みになっていてほしい．事実や行動だけに対策を打つと，

・動機が外れていると，対策のピントを外してしまう

・対策が功を奏する範囲が狭すぎる

・その結果，1万通りのチェックリストやマニュアルができ上がってしまう

のである．「Aの際はAを使え」というマニュアルは，軸受けに関してまったく同じ不具合事象が起ころうとしたときにしか役に立たない．未然防止はほど遠いのだ．

7.1.2 動機的原因をつかめ

動機的原因が外れていると対策のピントが外れるということをこの例で説明しておく．いくつかの動機的原因候補をあげてみた．話が広がりすぎるとわかりにくくなるので，ここでは製造工程ではなくて設計工程において発生した，つまり設計者が失敗したという範囲に限定しよう．それでもたくさんの候補がある．

動機的原因候補

A. 設計者は，何らかの理由によりこの軸受けに液体はかからないと考えていた．一般的な言い方でいうと，「冷却液がかかるという条件を見落とした」ということである．

B. 設計者は，冷却液がかかるということは知っていたが，軸受けというのは液体がかかっても大丈夫なものだと考えていた．一般的な言

い方では，「密閉型と非密閉型があることを知らなかった」ということである．
C. 設計者は，密閉型と非密閉型があることは知っていたが，「シールド形」という言葉に騙されて密閉されていると思った．

設計者は上記の A，B，C のどの動機でシールド形を採用したのだろうか？もし A だとしたら対策は，簡単にいうと，要求仕様書・設計仕様書をよく読め！ということになる．B だとしたら，対策は勉強しろ，会社側へは教育しろということになる．C だとしたら，カタログをよく見ろということになる．

このように上記 A，B，C のどれかによって対策は異なり，恐ろしいことにどの対策も他の原因には効果がないのである．例えば，B への対策を打って「軸受けには密閉と非密閉があるんだ」としっかり教育しても，冷却液がかかるという要求仕様や設計仕様を見落としては何も効果がない．密閉型を使わなきゃ！と認識していても，シールドという言葉に騙されたらこれも効果がない．

では，上記の A，B，C のどれであっても効果がある対策を考えて，

再発防止策：「要求仕様書をよく読み，冷却液がかかるところには密閉タイプのシール型軸受けを使用するようマニュアルを作成し周知徹底した」

としたとしよう．それでも効果がないことがある．軸受けのことはよく知っているし，通常は要求仕様書をよく読むベテラン設計者でもハマるワナである．もっと恐ろしいワナがあなたをハメに来るのである．それが産業界で最も多いパターンである．そのワナについては次の 7.2 節で述べる．

このように動機的原因をつかみ損ねると，ワナが異なり，さらにその対策は似て非なるものとなり恐ろしいぐらいに効果がないのだ．似たような不具合が起こり続けている会社，もぐらたたき状態になっている会社では，このパターンが起こっていることが多い．正しい対策にとても似ているがピントを外した対策を打っているのである．だから，対策を打つときは当事者の動機的原因とワナ，あるいはフィクションでもいいからハマる確率が最も高そうな動機とワナをつかむことが重要なのである．

7.2　失敗学を使った分析

7.2.1　動機的原因とワナ

先ほど述べた，産業界で最も多い動機的原因とワナを，フレームワークを使って図 7.1 で説明する.

不具合事象は「X 社様向け B 型発電機焼き付き」，ここは従来の書類のタイトルでかまわない.

失敗行動は「設計者がシールド形軸受けを採用したこと」である．これは設計者が意識下でそれを採用した場合である.

動機的原因は「A 型は実績があるから最も成功確率が高いと思ったんだも〜ん」である.

設計者は実績を重視するものである．特に摩擦や摩耗といった机上で設計しきれないこと，工学技術が発達した現在でも未だ解明しきれていないところに

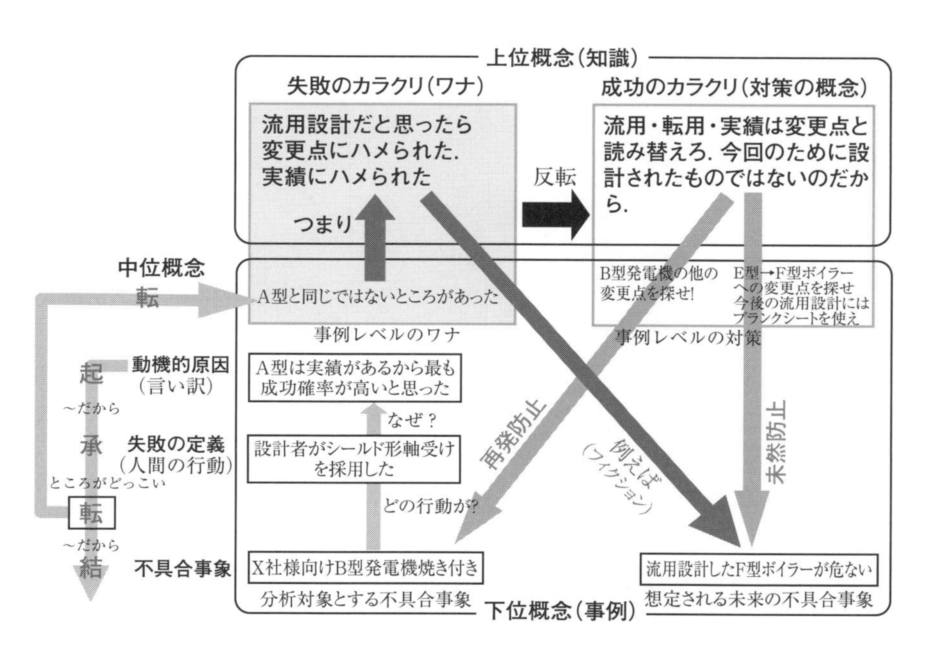

図 7.1　失敗学を使った分析と対策立案の例

ついては，設計を変えたくないのである．さぼりという意味ではなく，そういうところは成功させるために積極的に前と同じ設計をするものである．この考え自体はきわめて正しい．しかし，それにもワナがあったのである．

A 型は実績があるから最も成功確率が高いと思った，から，シールド形軸受けを採用した．ところがどっこい，「A 型と同じではいけないところがあった」ので，焼き付き不具合が起こった．というように事例レベルのワナが求まった．つまり，とにかく A 型と同じにしようと設計解を先に決めているというワナにハマっているのだから，「液体がかかることを見落とすな」や「密閉と非密閉」，「シールとシールド」ということはもはやほとんど関係がない．「A 型と同じにしようと設計解を先に決めてしまう」というワナに対抗策を打たないと解決しないのである．

ここまでは，「上手に使えばなぜなぜ分析でもできる」なら，「なぜなぜ分析」と呼んでもかまわない．この A 型という言葉が入っている限り A 型 B 型発電機の事例にしか役に立たない．失敗学の最大の特長は次の一般化である．

7.2.2 事例レベルからの一般化

この事例レベルのワナを一般化すると，失敗のカラクリは
「流用設計だと思ったら，変更点にハメられた，実績にハメられた」である．

これは，軸受けのことはよく知っていて，通常は要求仕様書をよく読むベテラン設計者でもハマるワナである．

「要求仕様書をよく読み，冷却液がかかるところには密閉タイプのシール型軸受けを使用するようマニュアルを作成し周知徹底した」という対策を打っても，その対策から漏れてしまう．今回は流用設計だと考えた瞬間，要求仕様を読む必要がないと思ってしまい，この対策やそれ用のチェックリストの適用外と考えるからである．チェックリストの「要求仕様を熟読したか」というチェック項目に対して，「適用外」のところにチェックを入れてデザインレビューに臨むからである．

別の表現として，失敗行動に「設計者が A 型発電機の設計をそのまま流用した」と書いてもかまわない．

それでも，事例レベルのワナは，「A 型と同じではいけないところがあった」

に行き着くはずである．これは，設計者が意識下でシールド型を採用したわけではない場合である．全体を流用したので，もはや軸受けのことも意識していない．液体がかかるか否か，密閉か非密閉か，シールかシールドかということはますます関係なくなる．流用設計のワナにハマったら，個々の細部の技術のことを言ってもほぼ無駄なのである．

「そのまま」というのは，筆者は批判的に書いたのではなく，どちらかと言えば肯定的に書いた．怠慢ではなくて良かれと思ってそうしたという意味である．ときどき，「流用設計自体がいけない」という学者先生がいるが，筆者はそうは思わない．流用設計を全廃して，何でもかんでも一から設計すると，設計コストはかさみ，新たな不具合を抱え込み，会社，事業，産業界は成立しなくなる．実績ある物は流用すべきである．ただし，「変更点にはハマるなよ！」がわかっていればいいのである．

したがって，成功のカラクリは，

「流用・転用・実績という言葉が浮かんだら変更点と読み替えろ．なぜならそれは今回のために設計されたものではないのだから」

である．流用・転用という言葉自体が，今回のためではない物ということを意味しているのである．流用するところは設計しないのだから，設計するのは変更点なのである．流用設計＝変更点設計である．この考えを持たない限りこの失敗は止まらない．

すべての会社と言っていいほどこの流用設計のワナにハマりまくっている．会社は流用・転用・リピート設計・実績という言葉に弱いのである．「実績あり！」と誰かがひとこと言うと，全員が考えることを止めてしまうのである．天下御免の通行手形になってしまっている．「実績あり！」と叫んだ．それはいったい何の実績なのか，冷却方式には実績はなかったのである．

さて，発電機の事業所で生まれたこの失敗のカラクリをもってきたボイラー事業所の人が考えることは，未来の不具合事象を想定するために「流用設計を探せゲ～ム！」である．それをしてくれれば「あっ，我が事業所のＦ型ボイラーも危ないぞ」ということには容易に気づくはずである．Ｅ型ボイラーからＦ型ボイラーへ流用設計したのである．もはや発電機にとどまらず，どの事業所でも使える話になったのである．一般化したことのご利益である．

次に，成功のカラクリをＢ型発電機に適用すると，具体的な再発防止策は「Ｂ型発電機の他の変更点を探せ」である．今回の軸受けに関してはすでに図面を変更したので，もうこのＢ型発電機の軸受けで同じ不具合事象は起こらない．むしろ他の変更点を探すべきである．「そのまま流用設計」をしたのだから，他にも時限爆弾を抱えている恐れは非常に高い．事例にこだわって軸受けつながりで他の製品の軸受けを探すという考えでもよいが，それよりも流用設計・変更点を探すほうが，圧倒的に展開範囲が広いのである．

さて，ここで当初のよく見かける分析の再発防止策と，失敗学で出てきた再発防止策を比べてみよう．

「冷却液がかかるところには密閉タイプの軸受けを使用するようマニュアルを作成し周知徹底した」と，

「Ｂ型発電機の他の変更点を探せ」である．

前者は最終的に表れた症状「起こった事例」への対抗策，後者は原因となった「ワナ」への対抗策である．まったく異なる再発防止策であることに気づいたであろう．再発防止をどのレベルで設定するかという話だという人もいるが，レベルの話ではなくてどこに着目しているかという着眼点や質が違うのである．

似たようなことがよく起こるよね！と感じている会社の人は，ぜひ一度この着眼点のシフトをやってみてほしい．事例レベルで対策を打っていては１万通りの不具合事象を経験して，１万通りのチェックリストを完成させるまで，似たような不具合事象は止まらないかもしれない！

第8章

他の分析手法との比較

講演やセミナーをやっていると「失敗学は他の分析手法と何が違うのですか」とよく質問される．そこで各手法に関して，未来の不具合事象を想定できるか否かという観点で，個人的な所見を以下に述べる．先ほど述べたように各手法には多くの流儀があるようなので，「いや，そうではないんだ」という反論は当然あるかと思うが，一般的な解釈や使われ方をもとにして書いてみる．

8.1　一般的な「なぜなぜ分析」

なぜなぜ分析とは，「なぜ」という問いを論理的に積み重ねることによって問題やトラブルが発生した原因を掘り下げ，有効な対策を導き出す方法のことをいう，と一般的には定義されている．一般的な「なぜなぜ分析」の事例は図8.1のとおりである．

図8.1に示したとおり，一般的な「なぜなぜ分析」は不具合物理現象の説明に使われているケースが多い．解明ではなくて説明と書いたのは，すでに解明されている物理現象や，見ればわかる物理現象しか書けないからである．

第5章でも述べたとおり，未解明の物理現象に関して「なぜ？」と聞いても答えは出てこない．その原因候補の仮説を立てることはできるがそれを立証するのは実験や計算である．物理現象に関して「なぜ？」ともれなく考えていったり，仮説を立てたりするのはすべての分析手法およびサイエンスの基本であるから，なぜなぜ分析の特徴ではない．そう考えると，一般的な「なぜなぜ分

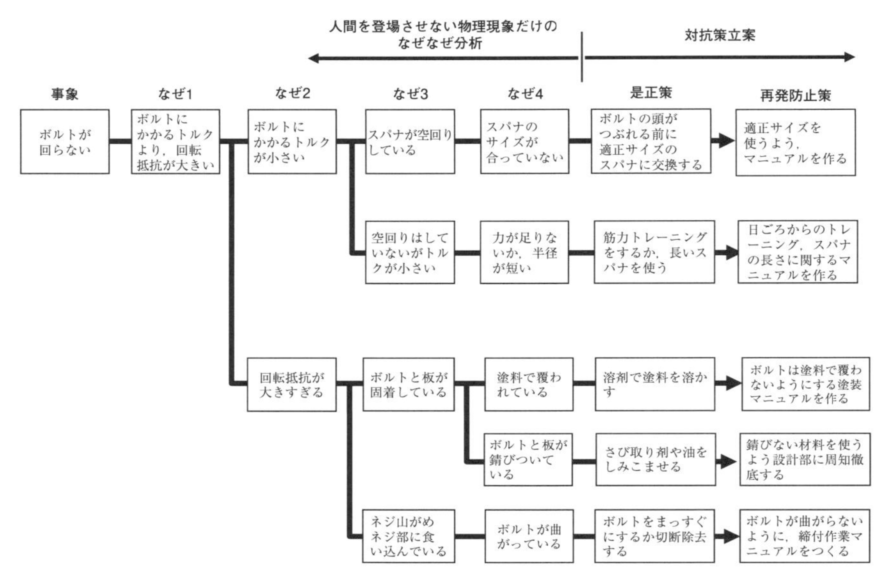

図 8.1　「ボルトが回らない」のなぜなぜ分析

析」は，すでに解明されている物理現象を論理的に整理・説明する際に有効な手法といえる．

また，失敗するのは人間であるのに，多くの会社では，「分析の中に人間を登場させるな」と指導されているようなので，ヒューマンファクターは出てこない．ヒューマンファクターを入れないと，図 8.1 の対策のように，最終的に起こった物理現象への対策が生まれてくる．ボルトや板が錆びたら取れなくなることはわかっているのに，「錆びないようにしろ」という意味の対策しか出てこないのである．なぜ設計者が錆びるような材料を選定したのか？例えば，「この材料は錆びないと思っていた」というような動機や，例えば「流用設計で失敗した」というような設計者に錆びるような材料を選定させるワナは放置されている．

そう考えると，一般的な「なぜなぜ分析」は，ドンピシャな不具合物理現象（同じ仕様条件下におけるボルトが回らないという最終的な不具合物理現象）を防止するところには有効である．

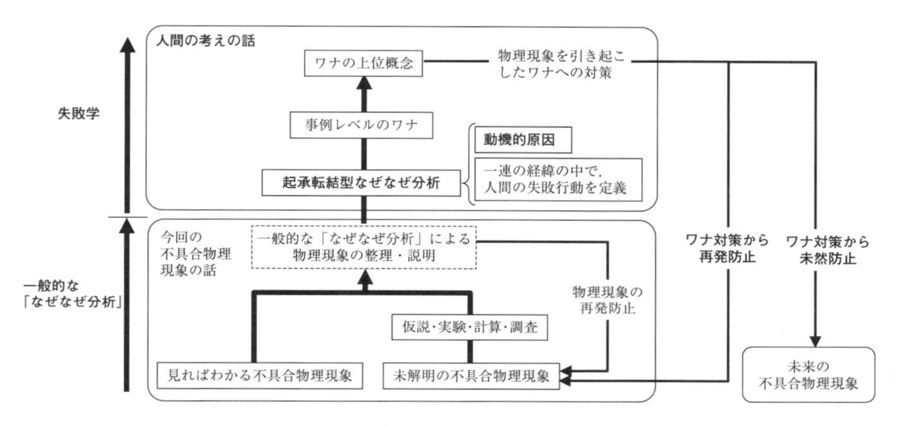

図 8.2　一般的な「なぜなぜ分析」と失敗学の関係

失敗学と一般的な「なぜなぜ分析」の関係を図 8.2 に示す．物理現象の再発防止に関しては，一般的な「なぜなぜ分析」を使ってもよいし，科学的な手法で明らかにしてもよいが，これらはすでに起こった不具合物理現象を分析・整理・説明する手法であり，物理現象の範囲にとどまっている限り，未来の不具合事象を想定するのは難しい．

すでに起こった不具合物理現象が説明できた後に失敗学が登場する．失敗学では，「起承転結型なぜなぜ分析」で失敗行動を定義し，動機的原因を語れば，事例レベルのワナが導き出せる．それを上位概念化して，その不具合物理現象を引き起こした，人間がハマるワナに対策を打つので，再発防止のみならず未然防止もできるのである．

つまり，一般的な「なぜなぜ分析」と失敗学は相反するものではなくて，対策の内容や守備範囲がまったく異なるのである．

8.2　特性要因図と４Ｍ分析

特性要因図とは，問題とするすでに起こった不具合物理現象と，それに影響を及ぼしていると思われる要因（原因候補のことを要因と呼んでいるようである）との関係を魚の骨のような図に体系的にまとめた図である，と一般的には定義されている．多くの場合，4 M(Man：人，Machine：機械，Material：材料，Method：方法)の観点から不具合物理現象に影響を及ぼしていると思われる要因を洗い出す．一般的な特性要因図の事例を図 8.3 に示す．分析のスタート地点，つまり連想ゲームのきっかけの言葉が4M として用意されており，ゴールを不具合な特性(本書では不具合物理現象)として，スタートとゴールを結びつける道筋を探すのである．

要因の洗い出しにあたっては，「ハンダの加熱時間が短かったことが原因ではないか」「ハンダゴテのヒーターの電圧が低かったのではないか」といった具合に，勘や経験・思い付きなどで行い，洗い出した要因が特性に影響を及ぼ

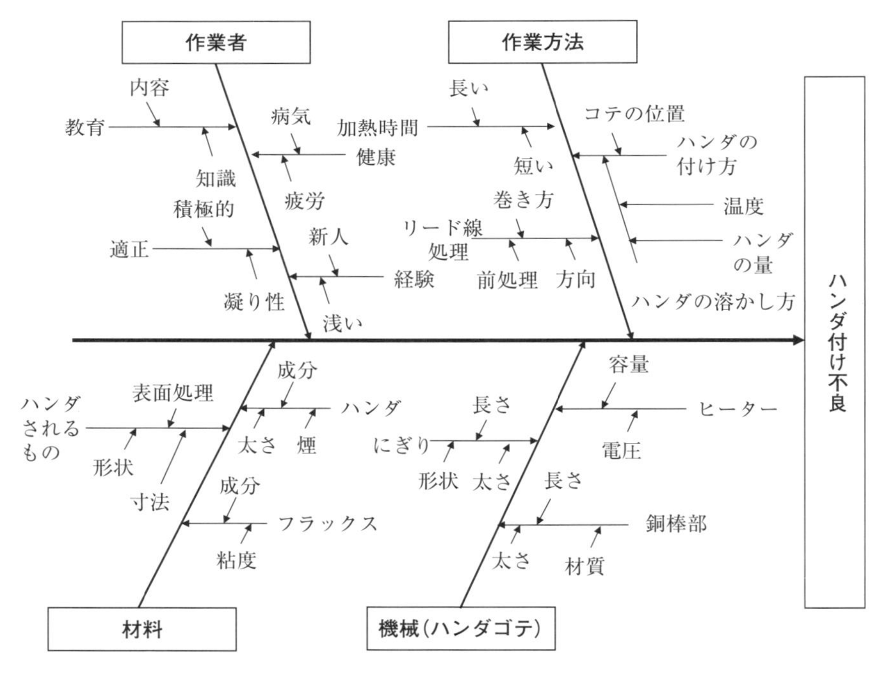

(出典)産業能率大学：「問題解決デザイン技術における問題解決手法 51. 特性要因図」，産業能率大学総合研究所 HP，http://www.hj.sanno.ac.jp/cp/page/13329(2017 年 10 月 23 日最終確認)をもとに作成．

図 8.3 「ハンダ付け不良」の特性要因図

しているかどうかは，1つひとつ実験，計算，調査を行わないと判断できないとされている．

つまり，立証は実験などで行うので，特性要因図は今回分析している不具合物理事象を引き起こしている物理的原因候補の洗い出しと，洗い出した物理的原因候補をマッピングする図示方法と解釈されている．ただし，4Mの中に人間が入っているので，人間の特性は入ってくるが，動機的原因までは入ってこない．

ゴールは「ハンダ付け不良」という今回分析対象としている不具合物理現象なので，その原因がわかればドンピシャの物理現象の再発防止には有効であるが，まだ経験したことがない未来の不具合物理現象の想定とは無関係である．基本的には特性要因図は，不具合事象が起こった後，その原因を分析・整理する手法である．

失敗学と特性要因図の関係は図8.4のとおりである．人間が入っているところだけ，一部守備範囲が重なるが，相反するものではない．特性要因図で洗い出した物理的原因が立証された後，人間の考えを言及する失敗学が登場するのである．

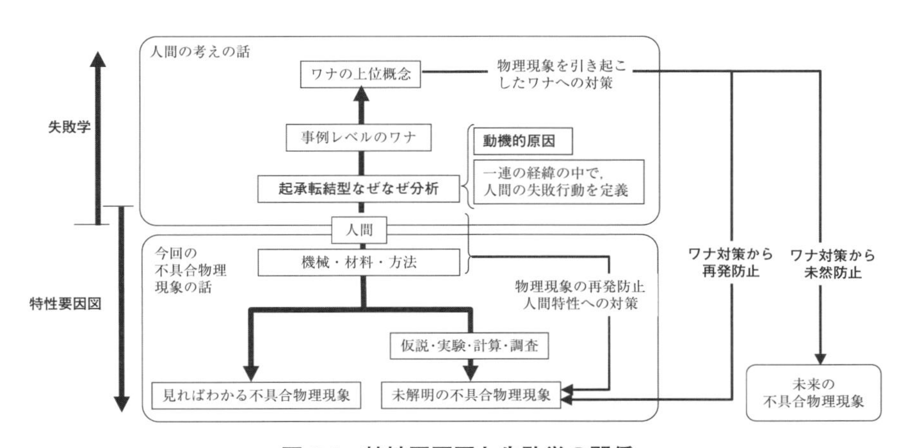

図8.4　特性要因図と失敗学の関係

8.3 FMEA (Failure Mode and Effects Analysis：故障モード・影響解析)

FMEAとは，設計の不完全さや潜在的な欠点を見出すための構成要素の故障モードとその上位システムへの影響を解析する技法である，と一般的には定義される．

一般的なFMEAの事例は図8.5のとおりである．ごく簡単に言うと，装置などを構成している部品からスタートし，その部品が壊れるとしたらどんな壊れ方をするかという故障モードを洗い出し，その故障が起こったら装置などのシステム全体にどんな影響を与えるかを考えるのである．

そして，その故障が起こる確率×発見できない確率×起こったときの損害＝リスク優先度(RPN：Risk Priority Number)を定量評価して，優先度の高いものから対策を打つ，という指針を与えてくれる．

発展形としてヒューマンファクターを入れたFMEAを実施している会社はあるが，基本的には分析対象は部品やシステムの故障であり，ヒューマンファクターは対象外である．

FMEAは未然防止の手法として位置づけられている．その手法としての効能を考えると，想定つまり連想ゲームのきっかけの言葉は部品である．「その部品が壊れるとしたらどんな壊れ方をするか？」という問いは投げかけてくれるが，壊れ方つまり故障モードを想定する方法は，過去の実績や経験，産業界の実績などからしか思いつけないというのが実情であり，具体的な方法論は持ち合わせていない．未知の壊れ方を発見する方法論としては，破壊試験法(死に様評価)が最も優れている．

それでもFMEAは，不具合事象が起こった後に使うものではなく，その装置が故障する前に考えて手を打つという意味において未然防止にはなる．ただし，部品の故障からスタートしているので，同じ部品を使っている他の製品ぐらいまでが想定範囲となる．部品をきっかけにして物理現象の範囲内で連想ゲームをするFMEAや，壊してみてバラバラになった製品を見て物理現象の範囲内で連想ゲームをする破壊試験法と，人間行動やワナをきっかけにした連想ゲームの失敗学を，組み合わせて使ってもらえるとよい．

システム(製品)名称：事務用洋ばさみ
システム(製品)任務：紙を切る

設計 FMEA ワークシート

(P- ／)
作成年月日：
グループ名：

番号	機能ブロック	機能部品	機　能	故障モード	推定原因	発生頻度(O)	故障の影響			影響度(S)	致命度C=OxS	故障検出法	検出度(D)	RPN =CxD	是正処置	備考
							機能部品	機能ブロック	システム							
1	内刃	ハンドル部	親指で保持	われ	経時的劣化	1	機能低下	機能低下	取扱い困難	3	3	目視	1	3		
				ヒットポイント摩耗	経時的劣化	3	機能低下	機能低下	取扱い困難	3	9	目視：使用することで気づく	3	27	そのまま使用	
		動刃部	切ること(動かす部分)	刃こぼれ	異物が挟まる	2	機能不全	機能不全	切れない	4	8	使用で気づく	4	32	研ぐ，または廃棄	
					経時的劣化	4	機能不全	機能不全	切れない	4	16	使用で気づく	4	64	研ぐ，または廃棄	
				曲がり	外力が加わる	1	機能不全	機能不全	切れない	5	5	目視：使用することで気づく	3	15		
2	外刃	ハンドル部	人差指で保持	われ	経時的劣化	1	機能低下	機能低下	取扱い困難	3	3	目視	1	9		
				ヒットポイント摩耗	経時的劣化	3	機能低下	機能低下	取扱い困難	3	9	目視：使用することで気づく	3	27	そのまま使用	
		静刃部	切ること(動かさない部分)	刃こぼれ	異物がはさまる	2	機能不全	機能不全	切れない	4	8	使用で気づく	4	32	研ぐ，または廃棄	
					経時的劣化	4	機能不全	機能不全	切れない	4	16	使用で気づく	4	64	研ぐ，または廃棄	
				曲がり	外力が加わる	1	機能不全	機能不全	切れない	5	5	目視：使用することで気づく	3	15		
3	留ねじ	平ねじ	内刃と外刃	摩耗	経時的劣化	3	機能低下	機能低下	ねじゆるみ(刃がガタ：切れない)	4	12	使用することで気づく	4	48	ねじ交換	
				さび	経時的劣化	2	機能低下	機能低下	固着(刃が動かない：切れない)	5	10	目視：使用で気づく	3	30	注油	

はさみの設計 FMEA の例

(出典)信頼性技術叢書編集委員会 監修，益田昭彦，高橋正弘，本田陽弘 著：『新 FMEA 技法』，日科技連出版社，p.19，図 1.9(b)，2012 年.

図 8.5　FMEA の形態（工作用はさみの事例）

8.4　FTA（Fault Tree Analysis：故障の木解析）

FTAとは，信頼性または安全性上，その発生が好ましくない事象について，論理記号を用いて，その発生の経過を遡って樹形図に展開し，発生経路および発生原因，発生確率を解析する手法である，と一般的には定義される．

簡単に言うと，起こってほしくない最終結果不具合物理現象を先に決めて，それが起こるとしたらどんな原因があり得るかを論理的に分析していく方法がFTAである．FMEAが要素の故障からスタートして装置全体の最終結果不具合物理現象にゴールするのに対し，FTAは最終結果不具合物理現象（最終事象）からスタートして，部品や要素の不具合（要素事象）との関係を洗い出す手法である．

一般的なFTAの事例は図8.6のとおりである．図8.6のように「OR」や「AND」などの論理記号を使って，最終事象に至る経路と確率を論理的に分析していくのである．この手法の効能は，要素事象が論理的に結合されていくので，「2台もあるのにテレビが見られない」という最終事象が起こる確率を比較的正確に計算できるところである．定性的な洗い出しではなくて，定量的な確率計算に使うことをお勧めする．

FMEAと同様に分析対象は基本的には故障であり，ヒューマンファクターは対象外である．ヒューマンファクターを入れてFTAを行っている会社もあ

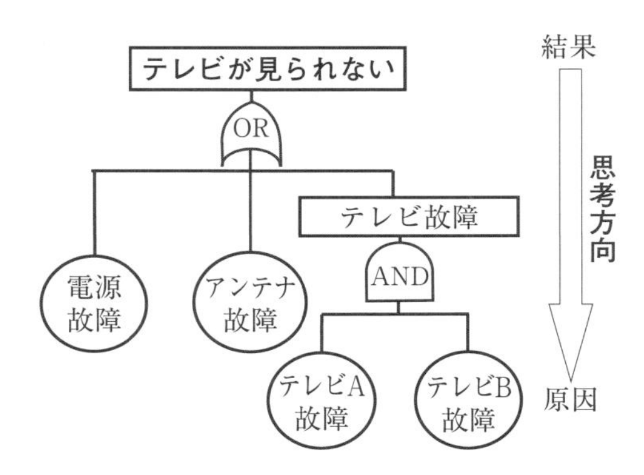

図8.6　「2台もあるのに，テレビが見られない」のFT図

るが，ヒューマンファクターを入れると，途端に確率計算が難しくなるので，洗い出しの効能はあっても本来の定量的確率計算の効能は薄れてくる．

FTA は不具合事象が起こった後に使うものではなく，FMEA と同様に不具合事象が発生する前に使う手法であるから，未然防止を目的としている．ただし，「最終結果不具合物理現象」はエイヤッと仮定するしかなく，それを想定するための具体的な方法論は持ち合わせていない．それでも，それをエイヤッと仮定しようとする際に，起こってほしくないことを考えるので，想定の一助にはなる．

失敗学で想定した「未来の不具合事象」が起こる確率を計算するところに使ってほしい．

8.5　m-SHELL モデルと m-SHELL 分析

m-SHELL モデルの概念図を図 8.7 に示す．m-SHELL モデルとは，ヒューマンエラーを起こす要因を説明したモデルである．本人(L)を真ん中に置き，周りにソフトウェア(S)，ハードウェア(H)，環境(E)，他人(L)が配置されている．本人とソフトウェアの関係，本人とハードウェアの関係……というように，真ん中の人間と周りの 4 つの要素との関係でヒューマンエラーが起こると説明したものである．その関係のところに隙間を空けないように管理せよ，と言いう意味でマネージメント(M)が衛星のように飛び回っているというイメージである．

特性要因図のところで登場した 4 M(Man：人，Machine：機械，Material：材料，Method：方法)とよく似ているが，特性要因図は 4 つの M と不具合物理現象との関係を図示しているのに対し，m-SHELL モデルは 4 つの要素(S・H・E・L)と人間(L)との関係を表している．

m-SHELL モデルを原因分析に使うとすれば，今回起こった不具合事象に関して，「本人とマニュアルの関係はどうだったか？」「本人と設備機器の関係はどうだったか？」というように，分析のスタートとなるきっかけの問いを与えてくれるというご利益がある．ただし，それらの関係をこうやって分析せよという方法論は持ち合わせていない．

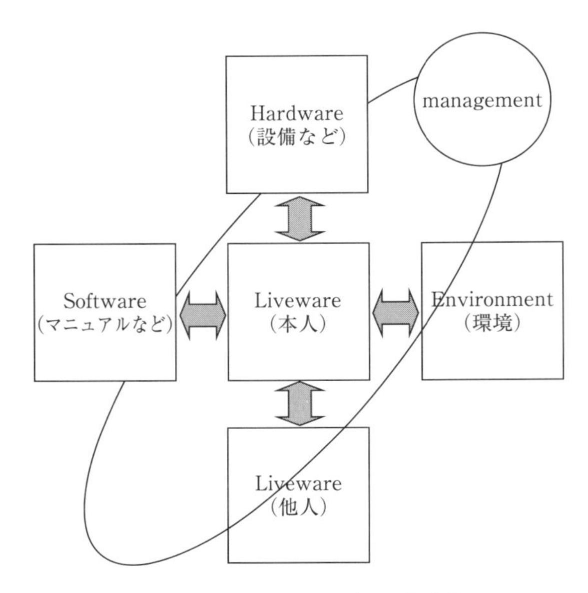

図 8.7　m-SHELL モデルの概念図

未然防止との関係を考えると，まず起こるとしたらどんな不具合事象が起こるか？を想定しなければ，分析すら始まらない．したがって，再発防止のための原因分析には有力ではあるが，想定や未然防止とはほとんど関係がない．

8.6　失敗学と他の分析手法との比較

8.6.1　失敗学は4階建

図 8.8 は失敗学のエッセンスのフレームワークを立体的に描いた図である．

図 8.8 の一番下の事例事象平面は，われわれが現実に仕事をしたり不具合事象に遭遇したりする平面である．これを1階のフロアーというイメージで描いてある．

ある場所で不具合事象に遭遇すると，事実経緯や物理的原因を調査して2階の物理的原因の平面に登るのである．そこには実験・計算・調査という科学的手法や，特性要因図や一般的な「なぜなぜ分析」で整理・説明することがとて

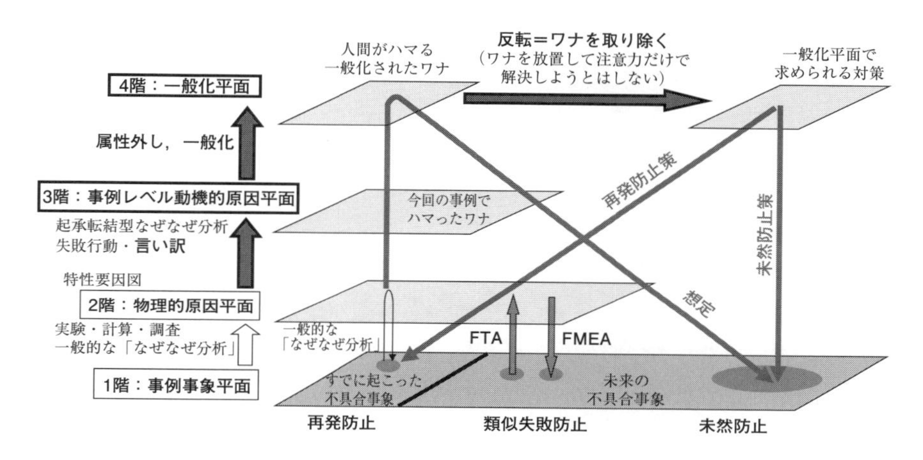

図 8.8 失敗学と他の分析手法との比較 (1)

も役に立つ．そこでUターンして物理的原因に対して対策を打つことは必要ではあるが，それはまったく同じ不具合事象にしか効果がなく，さらに1万通りのチェックリストができ上がってしまう．

一方，1階の平面に存在するであろう未来の不具合事象への備えには，FMEAやFTAなどの手法がある．FTAは未来の不具合事象をピンポイントで決めて部品レベルの故障を，FMEAは部品レベルの故障から不具合事象を考えるのである．これらは方向こそ違えど，故障という物理的原因の平面との間の演算である．そのため，FMEAやFTAはその製品，その部品のしかも物理的な故障の話の範囲にとどまってしまう．その故障するような部品を選んだり，性能を満たさない設計をしたりする人間行動の話は入ってこない．数えきれないほど存在するであろう未来の不具合事象の中では，想定範囲は狭い．

失敗学は物理的原因や事実経緯が明らかになった後，活躍するのである．2階フロアーから，起承転結型なぜなぜ分析や言い訳を使って，失敗行動を定義し事例レベルの動機的原因の3階フロアーに登るのである．失敗するのは人間であるから，人間の行動や判断の世界に持ち込むのである．さらに，そこから属性外し・一般化を行い一般化平面の4階フロアーまで登ろう．一般化すると，個々の事例の属性が排除されて本質だけが残っているのでとてもシンプルな格好で人間がハマるワナが表現されている．シンプルなだけでなく扱うべきワナの数も格段に減るのである．なぜならば，この1階(事例事象)から4階(一般化)の図は，図2.2(p.50)に示した樹形図になっているからである．別の言い方をすると，1階から4階が写像の関係になっていて，1階の数多くの事象が，4階ではわずかな数に集約されているのである．

次に，その4階の一般化されたワナから1階の未来の不具合事象へと，その分野の属性を付加して降りてくると，多くの不具合事象を想定できる．つまり想定範囲の面積は広い．なぜなら，ここにも写像原理が働き，1つのワナが広がって降りてくるからである．しかも今回起こった不具合事象からは想定しにくい無関係に見える不具合事象を想定できるのである．今回の不具合事象からの飛び幅も大きい．

一方，一般化平面内(4階)でワナを反転すると，一般化された対策，つまり対策の上位概念が求まる．本質だけが残っているので，余計なことに惑わされることはなく，対策の概念を間違えることはない．この対策の上位概念を今回起こった不具合事象に具体化して適用すると再発防止策，想定した不具合事象に具体化して活用すると未然防止策が求まる．それらは，人間がハマるワナから降りてきた対策であるので，従来の物理的原因から降りてきた対策とは質が異なることが多い．

失敗学の特長は図8.8の3階，4階に登るところである．事例事象平面で物事を考えるのではなく，一般化平面という概念の世界で演算して事例事象平面に再び降りてくるのである．これは従来の手法・技法と相反することもなく，両立しないこともない．方法論や考え方がまったく違うのである．

従来の手法で満足しているなら，わざわざ失敗学を取り入れる必要はない．しかし，似たようなことが起こり続けている，もぐらたたき状態になっているという会社の人は，一部でもいいから失敗学の考え方を取り入れてほしい．**何かを変えなければ何も変わらない．去年と同じ事をしていては，今年も同じ結果が表れる**ことは明白である．

8.6.2　失敗学はワナの「一般化・分類」と「未来への適用・活用」

本書ではここまで触れなかったことがある．人間がハマるワナはそれほど多くはない．実は筆者は，多くの事例から**失敗のカラクリの最上位概念**を整理分類することを進めている．今のところ11分類に収まっているが，まだ納得していない未完成の状態であるので，本書では触れなかった．これが完成すると，いよいよコンピューターで想定できるようになる日が近づいてくるかもしれない．分類する理由は，分類しておくと気づきやすくなるからである．

例えば，生物学は分類学であるという言い方がある．人間が新しい生物を作り出しているわけではないが，もともとこの世にはまだ人間が知らない無数の生物が存在する．それらを別々の物だと考えていたらきりがない．せきつい動物と無せきつい動物があって，せきつい動物の中には哺乳類と鳥類と……という具合に樹形図を使って分類するのである．こうしておくと，初めて出会った生物であっても，わずかな特徴を観察するだけで，「あっ，これは哺乳類だ」とさえ気づけば，体温は一定で，子供を産んでお乳をあげるはずだ！と理解が進むのが速いのである．

これを不具合事象で言い換えてみよう．毎度新しい不具合事象に遭遇したように人間には見えるが，すでにこの世には誰かが経験済みの無数の不具合事象が存在する．それらを別々の物だと考えていたらきりがない．本体とラベルの分離によってハマるワナや，似て非なる物にハマるワナがあって，本体とラベルの中には，配薬ミスと異材混入と……という具合に樹形図を使って分類するのである．こうしておくと，初めて出会った不具合事象であっても，わずかな特徴を観察するだけで，「あっ，これは本体とラベルの類だ」とさえ気づけば，「対策は本体にラベルを付けろだ！」と理解が進むのが速いのである．
それだけではなく，こんな不具合事象も存在するはずだと想定できるし，成功のカラクリを今回の不具合事象に**適用**し，未来の不具合事象に**活用**して対策が求まるのである．

筆者の勝手な展望を加味して失敗学の正体を一言で言うと，失敗学は，**ワナの「一般化・分類」と「未来への適用・活用」**である．人間がハマるワナを，一般化することで，余計な属性が取れ，失敗の本質が見えて，的確な再発防止策が図れるようになる．それを分類することで，知が構造化され，未来の失敗に気づけるようになる．そして，ワナを共有することで，未だ隠れているyの字分岐点(図6.1(c)，p.108)を探して未然防止ができるようになるのである．

8.6.3　似て非なるもののワナ

事例を交えて，図8.9を説明しよう．

工場の中には配管が張り巡らされていて，その管の中には液体や気体が流れている．その配管のところどころに逆止弁というバルブがついている．逆流を許さないための一方通行のバルブ，逆を止めるバルブのことを逆止弁という．その逆止弁をメンテナンスの際にメンテナンス作業者が外して，点検・清掃する．そして再び取り付ける際に逆向きに取り付けてしまう．言うなれば逆行け弁となってしまうという不具合事象である．

潤滑剤が流れている逆止弁を逆向きに取り付けると，その下流側につながっている機械が潤滑不良で焼き付いたり，上流側がパンパンになって漏れ出たりすると流れている気体によっては爆発事故を起こす恐れだってある．

そのメンテナンス作業者に筆者が「なぜ，この向きでいいと思ったの？」とヒアリングで聞いたとしよう．それで正しいと思ったからこそ作業完了報告書にチェックを入れて提出しているのであるから，正しいことをしているつもりだったのは明らかである．大抵の場合，メンテナンス作業者は「原因は私の確認不足でした．以後，十分注意します」と答える．会社としても原因が「確認

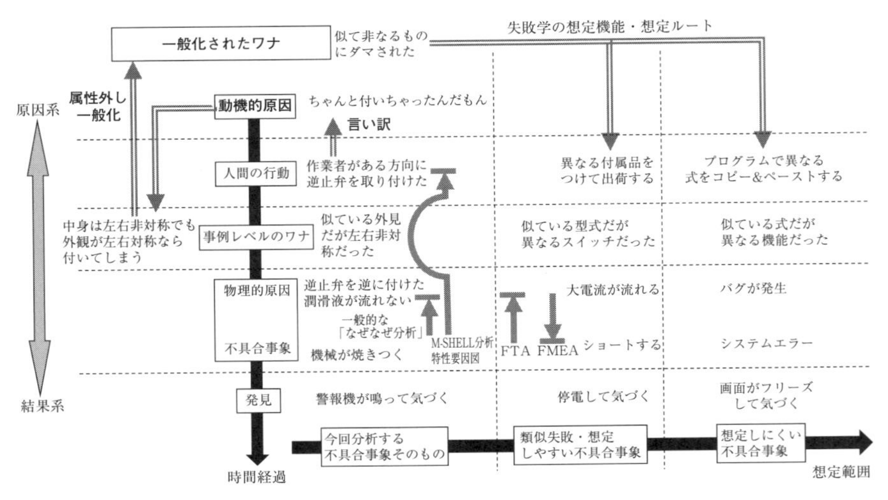

図8.9　失敗学と他の分析手法との比較（2）

不足」なので対策は「以後十分確認せよ．ダブルチェックせよ」となる．この対策は，人間がハマるワナが放置されて，注意力でカバーせよと言っているのである．もうおわかりだろう．

再び筆者はメンテナンス作業者にヒアリングする．「あなたは何らかの確認をして，作業したんでしょ？自信をもってその向きで正しいと思って取り付けたんでしょ？なぜこの向きでOKと思ったのか，その理由を教えてください」と．このやり取りを何回もして，ようやくメンテナンス作業者は言い訳を言ってくれるようになる．「だって，付いちゃったんだもん．この向きで正しいと思っちゃうよね」と．

そうしたら筆者はこう切り返す．「あなたは**似て非なるもの**にハマったね」と．

それが今回の失敗のカラクリである．逆止弁は大概のメーカーのものが，外見は左右(出口と入口が)対称なのである．しかも，恐ろしいことにネジのピッチが両側で一緒なのだ．逆向きに取り付けても気持ちよく取り付けられてしまうのだ．今回，似て非なるからこそ，間違え，そして間違えたことに気がつかなかったのである．

外見が似ているか否か，機能が同じか否か，組合せは全部で4通りしかない．その中で，外見が似ていて，機能が非なるからこそ人間はハマるのである．似ている＆非なるが成立するからこそ最も危険なのである．これを一言で昔から，「似て非なるもの」と言うのである．

8.6.4　成功のカラクリは失敗のカラクリの論理的反転

成功のカラクリを考えよう．失敗のカラクリを論理的に反転させるだけである．反転候補は，2カ所しかない．1つ目の反転箇所は「非なる」である．成功のカラクリは「非なるをやめろ」である．もともと異なるものを扱っているから失敗するのだ，共通化してしまえ，というのが対策なのだが，この逆止弁の場合は成立しない．なぜならば，逆止弁の中は一方通行でなければならず，どちら向きに取り付けてもいいというように双方向通行にしては逆止弁としての機能を喪失してしまうからである．しかし，この場合は成立しないだけで「非なるをやめろ」が成立することはよくある．例えば，シリーズ製品で高級版から廉価版まである．それらの付属品である電気スイッチが，とても似ているが製品ごとに違っているという場合である．ある製品に同シリーズの別の製品の電気スイッチを付属させて出荷したら市場で壊れてショートした，という類の不具合事象が起こる．「非なる」をやめ，付属品の電気スイッチを全部共通部品にする．そうすれば，二度と間違いは起こらない．「非なる」をやめる，これは立派な対策である．ただ，逆止弁の場合は成立しないというだけである．

2つ目の反転箇所は「似ている」である．成功のカラクリは「似ていないようにしろ」である．今回は外見が似ているから，逆向きに取り付けられてしまい，外見が似ているから逆向きに取り付けたことに気がつかず，失敗にゴールインしたのである．では「似ていないようにしろ」という概念を具体的にこの事例に落とし込むと，対策としては例えば「外す前に油性ペンをもってきて，流体が流れる向きに矢印を書いておけ．何なら壁にも矢印を書いておけ」である．

これにより，矢印込みで見ると，外見が似ていなくなり，左右対称ではなくなった．これで向きを間違えることはなくなる．これが，失敗学が導き出す対策である．

「似て非なる」にハマったのだから，「似ていないようにする」か，「非なるをやめる」か，そのどちらかしか対策はない．とても論理的な対策である．それにもかかわらず，多くの会社，ほとんどの日本人は「似て非なる」というワナを放置して温存したまま，「以後十分注意せよ，ダブルチェックせよ」と，人間の注意力や異常の早期発見で対応しようとする．どちらの対策が効果的かは言わずもがなである．

8.6.5 「似て非なるもの」からの想定

再発防止ができただけでは失敗学は満足しない．失敗のカラクリである「似て非なるもの」を使って，想定しよう．筆者は「似て非なるもの」から連想して，ソフトウェアの失敗を想定しておいた．最近の組込みソフトは1つの製品の中に1000万行を超えるプロクラムが動いているということもある．システムエンジニア(SE)やプログラマーは過去に自分が作ったプログラムをコピー

&ペーストする．よくコピー&ペーストすることはいけない，と主張する人がいるが，筆者は何も悪いとは思わない．最初からタイピングするよりもコピー&ペーストをした方が，はるかに失敗確率が低く，高効率であるからだ．

では想定した失敗事例は何かというと，Aという方程式をコピー&ペーストしなければいけないのに，Bという方程式をコピー&ペーストしてしまった．そして，市場で機械が暴走する，というものである．

おそらくSEにヒヤリングすると「原因は私の確認不足でした．以後，十分注意します」と答えるのだろう．そして具体的な対策は「ダブルチェックせよ，クロスチェックせよ」となるのが話のオチであろう．これこそ精神論・根性論的対策である．プログラムを書いたらチェックはしなければならないが，1000万行の中から間違いを発見する確率はかなり低い．

ある会社のコンサルティングにおいて，本当にこの不具合事象に遭遇した．

筆者はSEに「その正しいAという方程式と，間違ってコピー&ペーストしたBという方程式を並べて書いてごらん」と言ってみた．すると，Aという方程式とBという方程式は，とてもよく似ている．アルファベットの長い羅列の中で1文字だけが違うのである．これは見間違える．悲劇的な間違いで，微分と積分の違いだった．微分して制御しなければいけないところを積分していたのである．

つまり，この事例もまた「似て非なるもの」にハマったのである．「非なるをやめろ」は方程式を別のものに変えてしまうことであり，動かなくなってしまうため，この場合も成立しない．では「似ていないようにしろ」となるわけだが，具体的な対策は「看板をつけろ，表札をつけろ」となる．プログラム言語によって文字は異なるが，「！」や「#」を打って「！積分の式，#微分の式」，というように表札を付加しておけばよいのである．その行のその記号以降をコンピューターはプログラムと見なさなくなる．人間が目で見る注釈欄，メモ欄になるのだ．そして，表札を見て表札ごとコピー&ペーストすれば似ていなくなるのである．

このように，「似て非なるものにハマった」という一般化されたワナは業種・職種の壁を越えて，応用が利く，想定範囲が広い，気づきの言葉なのだ．そもそも「人間が間違えた」という類の失敗のほとんどは「似て非なる」にハマっているのだ．

前述した図 8.8(p.131)に，上記の事例を盛り込むと，図 8.9(p.134)となる．

図 8.9 内の二重線の矢印こそが失敗学の分析・想定ルートである．

FTA は方法論なしに不具合事象を決めないと計算できない．FMEA は構成要素がはっきりしている部品がないと不具合事象を想定できない．さらに，それらは故障という物理現象の範囲にとどまる．

M-SHELL 分析と特性要因図は人間まで入ってはいるが動機的原因を分析しないので，ワナは取り扱っていない．

事例によらず失敗つまり人間行動の共通点は動機であり，そこから生まれてしまうワナなのである．従来の分析手法では，想定しにくい不具合事象まで想定することは難しい．想定しにくい不具合事象を想定し，未然防止を図りたいということであれば，ぜひとも失敗学の考え方を取り入れてほしい．

第9章

いい加減に使われている言葉

不具合事象を分析していると，いい加減に使われている言葉が実に多いことに気づく．日常生活で何気なく使用する分にはかまわないが，不具合事象の分析においては，分析のピントを外してしまう，伝承されなくなる，という問題がある．しっかりと社内で概念を共有して使用するか，別の言葉に置き換えてほしい．

言葉はもともと人間が作ったものであるから，正解・不正解を決定する権利は誰にもない．社内なら社内でしっかり使い分けられていればそれでいいのである．

部外者である筆者がわからないのはかまわないが，社内の別の部署の人が読んでもわからないのは困る．わからない資料はいずれ読まれなくなる．読まれなければその資料は役に立たない．役に立たなければ会社はよくならない．不具合情報やそこから得られた失敗知識の書類は，伝承され長きにわたり有効活用されなければならない．

いい加減な言葉で書かれていると，30年後の後輩が読んでもわからない．そのときその資料を口頭説明してくれるあなたはそこにいないのである．重要な資料は書類だけで理解・活用されなければならない．近年の風潮で，「口頭で補足説明するからいいだろう！」では済まないのだ．

いい加減に使われている主な言葉を以下に例示する．

9.1　対　策

対策の定義を考えたことがあるだろうか．例えば，東京大学がラグビーで慶應義塾大学と試合をする際，「慶應対策を立てる」という．この使い方に賛成されるなら，その人の定義は「対策とは対抗策」であり，慶應対策とは慶應大学に対抗する策ということになる．

つまり「○○対策」というときは○○には敵や望ましくない事柄が入らなければならない．その人の対策の使い方は「推進策」でもないし，受け入れるといった意味での「対応策」でもない．したがって，「防災対策，節電対策，省エネ対策，安全対策」という表現は誤りである．いずれも対抗してはならないものばかりだからである．「対策とは対抗策である」とするなら，「防災策，節電策，省エネ策，安全策あるいは不安全対策」と言うべきである．

日本の病院には，「医療安全対策室」という組織をもっている病院がある．「医療安全を推進するために，不安全なことに対抗策を打つ部屋」と回りくどい読み解きをするのだろうか？それとも，「医療安全推進室」と読み替えればいいのだろうか．後者の「対策とは推進策である」という，対抗策という概念とは反対の概念をもっている人がわずかながらいる．それはそれでかまわない．

筆者が主張したいのは，どちらでもいいから「その人の中で，あるいは社内でどちらか一方に統一してほしい」ということである．不具合事象を分析する中で，資料の中に頻繁に「対策」という言葉が出てくるが，同一の人が，対抗策の意味で「対策」と表現していたり，推進策の意味で「対策」と表現したりしており，筆者をはじめとした読み手が混乱するのである．同一の人が「防災対策」と表現したり「震災対策」と表現したりしないでほしいのである．

資料の中に，再発防止対策と書いてあれば，筆者は自分の言葉に翻訳し「再発防止策，あるいは，再発防止のための再発対策」と読み替えることは容易であるから，さほど問題ではない．誰も再発を望まないことは明らかであるからである．それが，例えば「溶接対策」となるとみなさんはどう読むだろう？この人は，あるいはこの会社は，

・溶接を上手に実行したいのか

・溶接という工程を止めたいのか

・溶接は容認するが溶接時に不純物が混入することを防止したいのか，
本当にわからないのである．「溶接」が望ましい物でもなく，望ましくない物でもなく，ニュートラルな言葉だからである．前後の関係からこれを読み解くだけでも苦労するのである．

9.2　確認不足

不具合事象の分析をすると，「原因は確認不足でした」という人が多いが，その考え自体が間違っている．間違っている点は以下の3つである．

9.2.1　1つ目：言葉がおかしい

『広辞苑(第六版)』では，確認とは「確かにそうだと認めること」と定義されているし，筆者もそのとおりだと思う．つまり，確認には，「したか，しなかったか」，「1か0か」，「○か×か」，「認めたか，認めていないか」しか存在しないのだ．確認とは不足したり，充足したりする量的なものではないのだ．では「確認不足」とは何だろうか．「ちょっとだけ，確かにそうだと認めませんでした」ってことだろうか．言っている意味がわからない．そんな日本語が存在すること自体がおかしい．「確認」は1か0しかないデジタルな言葉である．

一方，「不足」はアナログな言葉，量的な言葉である．デジタルとアナログが結婚した「確認不足」なんて言葉があること自体おかしいのだ．

そうだと認めていない部分がある限り，無確認なのである．誰も責任追及をしていないのだから，確認不足ではなく，この部分の「無確認でした」と言ってほしい．そこを確認しなかったから，失敗が流出したのだ．「原因は確認不足でした」と言って原因をぼかしてしまうのは金輪際やめよう．

9.2.2　2つ目：プロセス分解ができていない

(1)　フローにおけるどの確認だったのか

読者のみなさんの会社の多くはISO 9001規格の認証取得企業であると思うが，そのISO 9001規格の中にPFC（process flowchart）というのが出てくる．

PFCというのは，プロセスは1つと考えるのではなく，細かくフローに分解して管理しよう，という考え方である．

例えば，医師が看護師に，「患者Aさんに注射を打って」と指示したとしよう．指示された看護師は何となく「注射」という1つの作業として捉える．それだから失敗したときに「原因は私の確認不足でした」などという大雑把な発言をするのだ．

「注射」という作業を1つのプロセスと捉えていると，どのプロセスの無確認だったのかが特定できず，対策のピントもボケてしまうのである．

「注射」という作業をプロセス分解すると「数ある注射伝票の中から患者Aの注射伝票を抽出」→「注射伝票に書いてある薬剤や機器といった注射セットを準備する」→「注射伝票の患者Aと目の前の患者を名札などで視覚突合する」といったように分けることができる．さらに細かく分けると10個以上のフローになる．

確認不足と表現したくなる理由は，感覚的にはこういう意味だろう．確認項目が10個あるとしよう．そのうち9個は確認したけど，3番目のこの1個だけ確認していなかったから量的にとらえて，「確認不足でした」ということだろう．それでは何ができていないのかが不明だから，対策は「しっかり確認しなさい」という「頑張れ精神論」になってしまうのである．

この場合，その10個以上のフローの中の「今回の失敗は，3番目のフローにおける○○の無確認でした」と言い切ることが重要である．この「3番目のフローにおける○○の無確認」がなぜ起こったのかという，論理的分析をしない限り，的確な対策を打つことはできないのである．

あるいはその3番目も「確認したつもりでしたが確認になっていませんでした」と言ってくれると，どんな理由で確認したと思ってしまったのか，何のワナにハマったのかを議論できるので組織は発展する．

(2) 「確認」とは「照合」「突合」

そもそも日本人は何でもかんでも「確認」という言葉に置き換えすぎである．例えば，医師が看護師に「患者Aさんの体温を確認して！」と命令し，看護師は「確認しました」とだけ回答する．阿吽の呼吸が通用しているうちはそれでよいが，不具合事象の分析の際はそれでは困る．いったいその看護師は何をやったのか．この場合の医師の「体温を確認して」という命令をプロセス分解すると，以下の3プロセスに分解される．

① 患者Aの体温を測定する

② 患者Aの平熱との差を引き算で出す

③ 算出した差異（どの程度熱があるか）を医師へ報告する

この3つのプロセスをまとめて看護師は「確認しました」と答える．これらの作業全部をまとめて頭の中では「確認」という名前の作業になってしまっている．だから何か失敗したときに，原因は「確認不足でした」，対策は「以後，十分確認します」となるのだ．

患者AをBと間違えたのか，Aの体温の測定を間違えたのか，測定は合っていたけれども平熱との引き算を間違えたのか，引き算までは合っていたけれども報告するときに違う数字を書いてしまったのか，というプロセス分解をして原因究明しない限り，原因の特定はできない．どのプロセスで何が起こったのかによって対策はまったく異なるのである．

「確認」という言葉がとてもいい加減に使われている．多くの人が，測定も確認，計算も確認，報告も確認，3つまとめてまたそれも確認と呼ぶのである．多くの動詞を確認に置き換えてしまっている．

今まで確認という言葉で片付けていたことを，別の言葉に置き換える努力をしてほしい．例えば，この事例で言えば「測定」「計算」「報告」という言葉に置き換えて，起こった不具合事象を「測定ミス」「計算ミス」「報告ミス」といってほしい．確認ミスでは何のことだかわからない．

また，別の言葉に置き換えるだけで失敗が減ることだってある．例えば，マニュアルやチェックリストに書かれている「確認」という言葉を全部「照合」か「突合」という言葉に置き換えてほしい．

「確認」を「照合」や「突合」という言葉に置き換えるだけで，今までやっていた「確認」の敷居が，ぐっと高くなったはずだ．なぜならば，「この書類，確認して！」と命令されると，さっと目を通して「確認しました」と言うだろう．まさに記憶確認であり，確認の定義にそぐわない．記憶はいかようにでも書き換わってしまうからである．それが，「照合して！」と命令されたら，今まで「記憶確認」で済ませていたようなことを，視覚情報と視覚情報を突き合わせなくてはならなくなるから精度が上がる．

もしマニュアルの中の「確認」を「照合」「突合」に置き換えられない文言が出てきたら，それはもともと「確認」ではなかったのだ．本当の「確認」なら，「照合」や「突合」という言葉に置き換えられるはずだ．

例えば，マスコミの報道で「年金機構から，情報が流出しました．その中に個人情報が含まれていたか，いなかったか，現在，機構において確認中です」とアナウンサーが言う．この「確認」という言葉を「突合」という言葉を使って言い換えると「その中に個人情報が含まれていたか，いなかったか，現在，機構において突合中です」となる．突合中と言い換えたら日本語として成立しなくなった．これは当然である．なぜならば，個人情報が含まれていたか，いなかったか，まだ判明していないのだから，「確かにそうだと認める」作業はできないはずである．「わかっていないことを突合する」と言っているのである．これはもともと「確認」という言葉の使い方を間違えている証である．では，どう言うべきだったかと言えば，「その中に個人情報が含まれていたか，いなかったか，現在，機構において調査中です」と言うべきなのである．

報道関係者のような言葉のプロであっても，いい加減に「確認」という言葉を使っているのだ．いい加減な言葉を使うと対策のピントがボケる．今後は本当の「確認」以外は，別の言葉に置き換える努力をしよう．確認とは「確かにそうだと認めること」であり，測定でも，引き算でも，報告でも，調査でもない．「そうだ」と言っているそれらの作業の結果が出ていないと確認はできない．

9.2.3　3つ目：「確認不足」は不具合事象の発生源でもないし，失敗の原因でもない

確認を別の言い方でいうと「各々のプロセスにおける最終チェックであり，念を押す行為」である．体温を測定し発熱があるか否かを報告するという作業を例にするならば，「測定」→「確認」，「計算」→「確認」，「報告」→「確認」，というように各々のプロセスや作業に必然的に付きまとう単なる念押し行為なのである．

したがって，例えば不具合事象が測定ミスならば，測定作業において何らか

の失敗が発生したのであり，その直後の確認行為の際に発生したのではないから，**確認行為は発生源の行動**ではない．

つまり**「確認不足」は測定の際に発生した失敗を発見できなかった原因（流出原因）ではあっても，測定をミスした原因（発生原因）ではない**のだ．

「確認」する前の「測定における何かの行動」が失敗行動であり，「例えば測定器の使い方において何らかのワナにハマった」のが原因なのである．

つまり，「原因は確認不足でした」という考えは，一連のプロセスにおいてどの行動が失敗だったのかという発生源の行動の特定を失敗しているし，その原因の調査も失敗している．発生源を放置しておいて「確認」で発見しろ，ダブルチェック，トリプルチェックしろというのは賢くない．**発生源を止めに行くのが一番賢い**のだ．

そもそも，「確認」や「チェック」の類は，すべて「異常の早期発見行為」である．異常があったら早期に見つけようという活動である．チェックリストに引っかかったときには，すでに書類が一枚足りないからチェックリストに引っかかったのであって，チェックする前にすでに異常は発生しているのである．チェックリストに引っかからないようにする活動こそ重要である．

また，4.3.4 項で述べた「否定形は結果論」の法則によると，不足の「不」という否定形が入っているので確認不足は結果論である．そのときは確認したと考えたのに，調査した後何かが抜けていることがわかったのである．後でわかった全確認項目と今回行った確認項目を比べると，どれかが抜けていたから「不足だったね！」と言うのである．「確認不足だからスイッチを入れよう」とは考えていなかったはずだ．つまりそのときスイッチを入れた動機的原因ではなく，結果論である．

日本の多くの看護師長は「1 に確認，2 に確認，3・4 がなくて 5 に確認」と言って病院の中を歩きまわっている．言い換えるなら「発見せよ，発見せよ．我が病院は必ず失敗しているから，発見して防げ」と言っているようなものだ．間違っているわけではないが効率が悪い．チェックリストだらけの組織ができてしまう．筆者なら，発生源を絶つ，危険源を取り払うことに労力を使う．その発生源や危険源が，人間をハメに来るワナなのである．

9.3　確認不足とヒューマンエラー

医療系のある団体が，日本中の病院に「原因分析シート」を配布している．医療事故やヒヤリハットが発生したらその「原因分析シート」を用いて，報告させる仕組みになっている．その「原因分析シート」には原因の文言が用意されていて，報告者はレ点を入れるだけで報告できるようになっている．その用意された原因の文言は「①確認不足，②ヒューマンエラー…」となっており，すべての報告者が全件，①と②にレ点を入れるのである．どうやら日本中の病院の失敗の原因は，全部「確認不足」と「ヒューマンエラー」だそうだ．
それは当然の結果であり，何も分析していないことに等しい．

前述したとおり，機械の故障や天変地異でもない限り，失敗の主語は100パーセント人間である．人間が起こすミスのことをヒューマンエラーと呼ぶと定義してしまうと，すべての失敗はヒューマンエラーとなる．

また，事故が「起こった」のだから，確認行為で発見できなかったことは共通である．確認行為で発見していれば事故は起こっていない．そんな考え方をするとすべての事故の原因は，確認不足とヒューマンエラーになってしまい，何の分析にもなっていない．人間がやったということも，発見できなかったということも全部の失敗に共通することだからである．こんなことをやっていると，いつまで経ってもドンピシャの原因分析ができないのである．

ヒューマンエラーの一言で片づけるのではなく，その中身(失敗のカラクリ＝ワナ)を分析することに一生懸命になってほしい．

9.4　変更点管理と最新情報管理

変更点管理とは「変更点は重点管理せよ！」という意味であると筆者は理解している．多くの組織で行われている活動がそうなっていない．最新情報管理と混同しているように思われる．

例えば，病院である患者のベッド移動，病室移動を行ったとしよう．するとナースステーションにて患者ボードと呼ばれる患者と病室の対応表の一部，その患者の情報が最新状態に更新される．もうおわかりだろう．それだけでは，昨日までの患者ボードと今日の患者ボードの差異がわからない．まるで，間違い探しゲーム，「ウォーリーを探せ！」である．

産業界でも同じように，設計者の目の前に分厚い設計書をドサッと置いて，「最新版です，チェックしておいてください」と言われたら，設計者はうんざりするであろう．「いったいどこを更新したんだよ！また全部一からチェックし直しかよ！更新した人が変更点を知っているのだから，そこをハイライトしてもってきてくれよ！」と嘆くはずである．

変更点管理をしたければ，まずはどこが変更点なのかを明確にし，さらに変更内容を重点管理するべきである．「この患者さんは○月×日病室を移動した」という変更したということ自体が重要な情報なのである．変更から3日間ぐらいはそのことを表示しないと，ミスが起こる．人間は慣れていることほど変更が効かないものだからである．昨日までの病室に出向いて行って，違う患者さんに点滴を施行してしまうのである．

産業界でも，何かの検査基準が変わった際，サーバーの中のその検査基準の書類を最新のファイルに置き換えただけでは，社員はどこが変わったのかがわからない．その結果，前回と同じ検査をして，最新の基準では不適合であると指摘されるハメになるのである．

このように常に最新情報を表示しておけばOKだと思ったら大間違いである．それは最新情報管理であって，変更点はまるで管理されていない．もちろん，最新情報管理も重要である．変更点管理と最新情報管理を混同しないでほしい．

9.5 管　理

管理という言葉もとてもいい加減に使われている言葉である．例えば9.4節で述べた，患者さんの病室を移動したという場合の変更点管理の「管理」をプロセス分解すると，

① 記録

② 表示

③ 意識づけ

に分解される．

①の「記録」にはいろいろなものがある．例えば，以下の3つである．

・トレーサビリティのための，後から再調査できるように残しておく記録
・伝達のための記録
・表示のための記録

病室移動の際の患者ボードへの記録は，表示のための記録である．「○月×日に移動したよ，移動したよ」と②の「表示」をするために記録するのである．さらにその表示は，③看護師への「意識づけ」のためである．

「確認」と同様に，日本人は何でもかんでも「管理」という言葉を平気で使うが，「確認」と同様に，別の言葉に置き換える努力をしよう．病室移動の事例における「管理」は「記録」と「表示」と「意識づけ」に分けて考えよう．そうでないと不具合事象が起こったときに，原因は「管理不行き届きでした」とわけのわからない原因の言葉が飛び出してくるのである．いったいどのプロセスで失敗が起こったのだろうか？原因がわからないと対策のピントがボケるのである．

例えば，筆者が学生に「この体育倉庫の鍵をあなたが管理しておいてね」と言ったときの「管理」とは何だろうか？それは，紛失や盗難という事態を防ぐための「保管」と，貸し出しや返却を間違いなく行うための「取り仕切り」であろう．

この「保管・取り仕切り」と，先ほどの「記録・表示・意識づけ」が同じだろうか？まったく違うのである．それが多くの会社で全部，管理という言葉で済まされているのである．ドンピシャの単語に置き換える努力をしよう．置き換えようと考えているときに，今回の失敗の本質が見えてくるはずである．

9.6　忘れた

9.6.1　4つの「忘れた」

日本人は「最終的にやらなかったこと」を何でもかんでもすぐに「忘れた」と表現する癖がついている．小学生の頃，「宿題忘れました」と先生に弁明した日以来，大人になってもそのままなのである．

ある貯水タンクを作る会社で起こった「貯水タンクからの水漏れ事故」を例に説明しよう．人間の失敗は「作業者Ａが配管継ぎ手を本締めしなかった」ということであった．配管を組み立てるときは手で仮組みをして，バランスをとって，長さや角度が合っていることを確認したうえでレンチをもってきて，継ぎ目のナットをギュッと締める．そのギュッと締めることを本締めという．その「本締めしなかった」ことに対して，筆者は作業者Ａに「なぜ」と問いかけたところ「配管継ぎ手を本締めするのを忘れた」と答えた．そこで筆者は作業者Ａに対して「忘れたには４種類あります．どの忘れたですか？」と突っ込んだ．この場合の「忘れた」には４種類ある(表9.1)．

① 本締めしなければならないことはわかっていた．わかっていたが，明確な理由もなく突然頭から消えた．これが本当の**忘れた**であり，ヒューマンエラーである．

② 本締めしなければならないことはわかっていた．わかっていたが，締めていないのに「締めた」と思っていた．これは締めなければならないことはわかっているので忘れていない．**誤認識**というのである．誤認識に対していくらダブルチェックしてもトリプルチェックしても無力である．なぜ

表9.1　不正確な言葉が分析と対策を狂わせる

原因に「忘れた」，例えば「原因は**ボルトの本締めを忘れた**ことである」と簡単に書くが…

実 態		正確な言葉	対 策
本締めしなければならないことはわかっていた	理由もなく忘れた (本当のヒューマンエラー)	忘れた	仕事リストを作れ．記憶に頼るな記録に頼れ！
	締めたと思っていた	誤認識をした	自分が騙されないように締めたらすぐに1本ずつマーキングをしろ
	たくさんあってバラバラの順番で締めたので1本飛ばした	漏れた	規則性をもって締めろ，1本ずつマーキングをしろ
本締めしなければならないことを知らなかった	仕事を理解していなかった	不理解	教育しろ
締め付け力不足？	渾身の力で締めたが力が足りなかった	筋力不足or工程設計・指示不良	ジムで筋トレ，パイプ締め工程設計を見直せ！など
	これぐらいでいいだろうと思った	完了判断基準が任意だった	締付けトルクを定量管理し，トルクレンチで締めろ

ならば「締めたか？」と聞いても「締めました」と１万回でも答えるからである．

③　本締めしなければならないことはわかっていた．わかっていたが，たくさんボルトがあって，バラバラな順番で締めたため，１本飛ばした．これも忘れてはいない．本締め作業はしている．これは**漏れた**というのだ．

④　本締めしなければいけないこと自体を知らなかった．これも，忘れていない．もともと知らないのだから忘れようがない．これは仕事を理解していない．**不理解**というのである．

この４種類のどれかによって，対策も変わってくる．

①「本当の忘れた」に対しては「**記憶に頼るな．記録に頼れ**」が対策となる．覚えて仕事をしているから，忘れるのだ．覚えていないことは忘れようがない．ToDo リストを作るべきである．リストに従って仕事をし，「本締めすること」という一行にチェックを入れながら進めるしかない．

②「誤認識」は自分が騙されたのであるから，その対策は「**自分に対する証拠を残せ**」となる．１本締めてはペンキを塗り，１本締めてはペンキを塗り，と「締めたマーク」としてペンキでマーキングをしていくのである．後の第三者のチェックにも使えるが，まずは「自分が騙されないように，勘違いしないようにするため」である．

③「漏れた」の対策は，「**バラバラな順番で締めるな．規則性をもって締めろ**」である．さらにペンキを塗りながら証拠を残していけば完璧である．

④「知らなかった」の対策は「**教育**」である．「知らなかった」の対策は教育しかないのだ．

このように４種類の「忘れた」のどれかによって対策も変わってくる．間違っても出てこないのは「確認」である．ダブルチェックは，今の４つの対策のどれにも出てこなかった．なぜならば，確認は「異常の早期発見手段」であって，「発生源を絶つ道具ではない」からである．作業しているときに発生させないのが最も効率がよいのである．

9.6.2　２つの「不足」

この事例の話はまだ続く．この「水漏れ事故」の分析結果の議論の際に，次の資料でなぜなぜ分析シートが出てきた．その分析の先頭の言葉が，何と「締付け力不足」と書いてあった．さっきまで「忘れた」と言っていた言葉が今度は「不足」に変わった．不足というのはギュッと締めたけれど力が足りなかったときに使うべき言葉である．この作業者は本締めをしていないのである．締めていないのに不足という表現では，まったく違う話になってしまう．それなら「不足」ということで議論しましょうと，話を次に進めた．

「不足」にしても２通りある．

⑤　本当に渾身の力で締めたけれど「不足」した，というのであれば対策は「筋力トレーニングしろ．ジムに行け」となる．筋力が足りなくて締付け力が不足したというのであれば，それしか対策はない．あるいは，レンチにパイプをかぶせて延長し，てこの原理で遠くから締めるか機械で締めるしか方法はない．

⑥「これぐらいでいいだろう」と手加減したらその加減を間違えた，というのであれば，対策は「締付けトルクを定量管理し，トルクレンチをもってきて測りながら締めろ」となる．これしか対策はない．

４種類の「忘れた」と２種類の「不足」で全部，対策が異なる．また，くどいように言うが，この６個のそれぞれの対策は，他の理由に対してお互いに効果がないのである．例えば，ToDoリストを作っていて，「本締めすること」に自信満々でチェックを入れたとしても，その作業で複数本をバラバラの順番で締めていてはまた漏れるのである．

いい加減な言葉では原因分析ができないだけでなく，対策の効果もなくなってしまうのである．

9.7　問題と課題，問題解決と課題達成

9.7.1　「問題」＝「望ましくないこと」

「問題」と「課題」の区別がついていない人が多い．筆者は「問題」と「課題」を定義するために，辞書を引いたりネット検索したりしてみたが，ピンとくる明快な定義がなかった．辞書では多くの表記において，「質問」という意味での「問題」という言葉を説明しているので，今筆者が説明したいこととは

異なる．そこで，自分で勝手に定義した．定義するにあたり，まず「問題」という言葉を含んだ例文を考えた．

・「製品のコストが高いこと」が問題である
・「公害が発生すること」が問題である
・「民族紛争をすること」が問題である

上記の「　」＝問題であることは誰でも同意してくれるだろう．これらの共通点を考えると，問題とは「望ましくないこと」である．「　」中に書かれていることは明らかに望ましくないことばかりである．問題を英訳すると，「problem」あるいは「trouble」である．この英訳から見ても，明らかに「問題」＝「望ましくないこと」である．

9.7.2　試験問題は problem ではなく question

余談だが，日本では学校の試験の際に先生が「試験問題を配ります」，クイズの際に司会者が「次の問題です」と言う．実はこの先生が配った出題用紙には何も問題は書かれていないし，司会者は何も問題提起はしていない．出題ミスがあればそれこそ「大問題」だが，出題ミスがない限り，「望ましくないこと(問題)」は書かれていないのである．この場合の正確な表現は「質問」であるべきだ．英語で行われる試験の出題用紙に「problem」や「trouble」とは書かれていない．英語では出題内容は「question」，答えは「answer」である．つまり，よく耳にする「question & answer：Q & A」である．

コンサルティングの世界では本当に問題解決をするので「problem & solution」，英国英語の古い文語表現の試験において，あるいは現代でもクイズの世界でまれに「problem & solution」が使われることがあるが，すくなくとも現代英語で試験のときには，「question & answer」が使われる．漢字を見ると確かに「問いの題(といのだい)」という意味は理解できるが，質問のことを問題というのは学生ぐらいである．

社会人が「部長，問題です！」というときは望ましくないことが起こったのであって，部長に質問を投げかける人はいないだろう．日本では幼いころから「試験問題」という言葉を聞いて育ったので，問題＝質問となってしまい，その質問に答えることが課題という連想ゲームによって，日本人は問題と課題の区別がつかなくなったのだろうと筆者は考察している．ここではこの「質問」という意味で使われる「問題」は別にして話を進める．

9.7.3 「課題」＝「望ましいこと」

次に「問題」を含んだ例文をもとに，「課題」を含んだ例文を考えた．

・「製品のコストを下げること」が私の課題である

・「公害発生を防止すること」が当社の課題である

・「民族融和」が人類の課題である

というように，「　」＝課題であることは認めてくれるであろう．「　」の中に書かれていることは全部「望ましいこと」である．つまり，課題とは例外なく「望ましいこと」である．「公害が発生すること」が「課題」である，とは言わない．「公害発生を防止すること」が「課題」である．

よって筆者の「問題」と「課題」の定義は以下のようになる．

・「問題」とは「望ましくないこと」

・「課題」とは「望ましいこと」

筆者の勝手な定義では問題と課題は180°異なるのである．多くの人がなぜこれを混同するのかが不思議になってしまう．

次のような説明をよく聞く(図9.1)．「あるべき姿がBのラインで，現状レベルがAのラインであるときに，このAとBのギャップの長さや，この場所にあるギャップが問題である．Bのラインよりもさらに上にあるもの，そこへ行くことが課題である」という説明である．感覚的には理解できるが論理的には納得できない．なぜなら，同じ位置にある線分ABの長さのギャップを，問題を使っても，課題を使っても説明できてしまうからである．AからBに行くのが当社の課題で，BであるべきなのにAのレベルでしかないことが当社の問題である，という説明である．つまり，ギャップがどの位置にあるかということや，そのギャップの長さでは説明できないのである．

筆者はベクトルの向き(矢印の向き)で定義したのである．場所がどこであっても，長さがいくらであっても，下から上に向かう話が課題で，上から下を見た話が問題なのである．

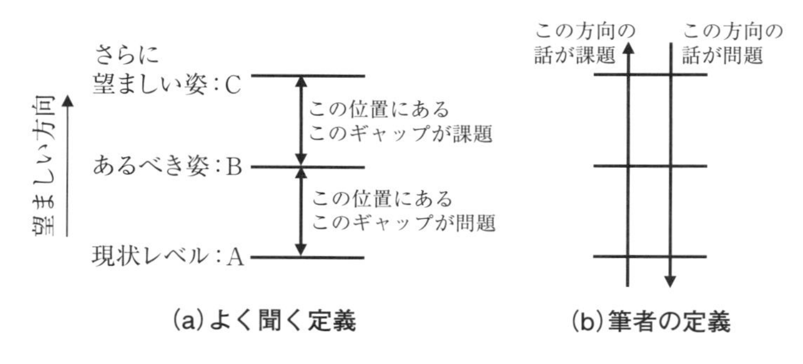

(a)よく聞く定義　　(b)筆者の定義

図 9.1　問題と課題の違い

9.7.4　問題は解決し，課題は達成する

次に，問題があったらどうしたいかと聞くと，誰でも解決したいと言うだろう．解決とは望ましくない事(問題)を「解消する」，望ましくない事(問題)が「消えてなくなる」という意味合いのときに使う．問題とは望ましくないことであるから，消えてなくなればうれしいのだ．

それに対して，課題があったらどうしたいかと聞くと，誰でも達成したいと言うだろう．達成とは成し遂げるという意味である．望ましいことは当然，成し遂げるのである．つまり，

・「問題」は「解決」すべきもの

・「課題」は「達成」すべきもの

である．よって，「問題解決」「課題達成」が正しい日本語であると筆者は考えている．「課題解決」という言葉を頻繁に見かける．「望ましいこと」を解消して，消してなくしてしまっては困る．課題を達成するうえで，隘路(あいろ：じゃまもの)となる「問題」を解決したというならわかるが，「課題解決」は変な言葉である．何だか，「汚名挽回」という間違いに似ているような気がする．もちろん正しくは「名誉挽回」「汚名返上」である．名誉を挽回するうえで，隘路となる汚名を返上したというなら理解はできる．

筆者の勝手な定義かもしれないが，

・「問題」とは「望ましくないこと」

・「課題」とは「望ましいこと」

・「問題」は「解決」すべきもの
・「課題」は「達成」すべきもの
と考えれば実にすっきりするのである．

さて話を不具合事象報告書や分析書類に戻そう．資料の中に，以下のような一文がある．

> 1. 溶接対策
> 本装置の構造では，溶接時に高温になりこの部品が変形する．
> 本装置では，溶接が課題である．

この 9.7 節で述べてきた，対策と問題・課題の合わせ技である．

「本装置では，溶接が問題である」「本装置では，溶接が課題である」とどちらを書かれてもとても困る．どのように受け止めればいいのだろう．

・変形しないように溶接したい(溶接したい)
・溶接という接合方法自体をやめてボルト締めにしたい(溶接したくない)
のいずれかであろう．書類作成者の意図がわからないのである．実に曖昧な表現になってしまっている．これは溶接というニュートラルな言葉＝問題，ニュートラルな言葉＝課題と書くからわからなくなるのである．

・「溶接において変形してしまうこと」が問題である
・「溶接において変形させないこと」が課題である
・「溶接をやめてボルト締め構造に設計変更すること」が課題である
というように，望ましくないことが問題，望ましいことが課題という公式に従って書いてほしいものである．

失敗学で扱うのは「問題」であり，「解決」するために原因分析を行う．不具合事象分析の発表資料の中で「問題」と「課題」を混同して使用する人がいるので，この場を借りて定義した．

第10章

論理性のトレーニングのすすめ

10.1　ピントを外した対策

ここまで読んでくれた読者のみなさまなら，不具合事象を分析するうえで「論理性」が不可欠であり，それをトレーニングすることが原因を究明するための近道であることはおわかりだろう．ここでいう「論理」とは決して「○○先生の○○定理」といった「理論」ではない．英語で言い換えるならば theory ではなく logic である．

第9章で述べたとおり，言葉1つをいい加減に使用しただけでも，その後の分析の方向を狂わせ，間違った原因をつかんでしまい，ピントを外した対策を打って，失敗が起こり続けることになるのだ．

ピントを外した対策を以下の事例を交えて説明しよう．

事例1：某製造会社の倉庫にて，作業者Aがフォークリフトを運転していた．倉庫では積み上げたダンボール箱と積み上げたダンボール箱の間に細い路地ができている．別の作業者Bがその細い路地を歩いてすり抜けてきて，フォークリフトの通り道に差し掛かったときに，たまたま走ってきた作業者Aのフォークリフトと接触しかかって「ヒヤリハット」した．

そのフォークリフトを運転していた作業者Aが書いたヒヤリハット報告書の対策欄にはこんなことが書かれていた．

「次回から危ない所では一旦停止する」

ここまで読まれた読者のみなさんなら，この対策がピントを外していることに気づいただろう．本件は，危ないと思わないところで起こった事象である．まさかこんなところから人が出てくるとは思わなかったから，作業者 A はブレーキを踏まなかったのである．それにもかかわらず，対策が「危ない所では一旦停止」では一生防ぐことはできない．完全なる論理矛盾であり結果論である．

論理的な対策は「見通しの悪い路地では一旦停止，あるいはメロディを流しながら走行する」である．

事例 2：某社にて，不用薬品の処理を業者に依頼している．処理費用が結構高いため，作業者は不用な劇薬 A と B を金属バケツの中に混ぜて，鉄板のぱっちんタイプの蓋で閉めた．すると，バケツの中で A と B が反応して気体が発生して，バケツがパンパンになってドカーンと破裂した．そして，工場の天井から劇薬と鉄板が落ちてきた．劇薬が雨あられと工場の従業員の頭に降り注いだ．

その事故報告書の対策欄にはこんなことが書かれていた．

「混ぜたら気体が発生する薬品は混ぜないこと」

ここまでピントを外していると笑いを通り越してあきれてくる．事例 1 同様に，気体が発生するとわかっていたら混ぜてないはずだ．わかっていなかったから，処理費用を抑えるために混ぜてしまい，それによって起こった事故なのである．論理的な対策は「すべての薬品は混ぜないこと」である．費用面でも混ぜれば混ぜるほど処理費用は上がる．

10.2　論理性のトレーニング

このように不具合事象の分析は論理的に突っ込みながら行うため，論理性のトレーニングが不可欠なのである．

では論理性をトレーニングするのに最適な方法は何であろうか．それは，言葉にこだわることである．なぜならば，**人間は言葉を使って思考し，言葉を使って伝達する**からである．よって，言葉は思考と伝達の両方に大きく関与しているのである．そして，**論理は言葉で構成され，言葉は概念を表し，概念は行動となって現れる**のだ．

単語を使った論理性のトレーニング方法は以下の3ステップである．

単語を使った論理性のトレーニング方法

1. 違和感をもったら，ピッタリ合う言葉を捜してみる
2. ピッタリ合う言葉を見つけたら，元の言葉との違いを説明してみる
3. その差を論理的に説明できれば考えが進み，さらに他人を説得できる(伝達力向上)

具体例を交えて説明しよう．例えば，

「健康予防のために，毎年健康診断を受けることにした」

という文があったとしよう．読者のみなさんもこの文に対して違和感をもつことだろう．健康予防？健康を予防する？そのための手段として毎年健康診断を受ける？という具合である．では，上記3ステップに当てはめてみよう．

まず，健康予防という言葉に違和感をもつだろう．すぐに，たぶんこれは病気予防が正解だろうとヤマカンが働く．そこで終わってはいけない．なぜ自分は健康予防が間違いで病気予防が正解だと感じるのかを考えなければならない．そこで，予防という言葉にこだわってみよう．予防を自分なりに定義してみると，予防とは「あらかじめ防ぐ」と書く．

つまり，望ましくないことが起こらないように，起こる前に防ぐことである．言い換えるなら「未然防止」を目的とした言葉である．よって予防の前にくる言葉は「望ましくないこと」でなくてはおかしい．だとすると予防すべきは病気であり，健康ではない，ということが説明できる．

この段階で，「予防とはあらかじめ防ぐと書く．健康をあらかじめ防ぐ人はいない．よって健康予防は間違いで，病気予防が正解である」と論理的に健康予防と病気予防の違いを説明できた．

あるいは，こんな考えでもかまわない．健康は「望ましいこと・望ましい状態」であり，望ましい状態は続けなくてはならない．その目的にピッタリ合う

言葉が「維持」「持続」「継続」という言葉である．よって，正しい日本語は「病気予防」ないしは「健康維持」である．

ピッタリ合う言葉を元の文に入れてみよう．「病気予防のために，毎年健康診断を受けることにした」あるいは「健康維持のために，毎年健康診断を受けることにした」となる．

まだ違和感がある．はたして，毎年健康診断を受けていたら病気にならないのか？例えば，ガン検診を受けていてもガンになるときはなる．では「健康診断」は何をしていることになるのだろうか．それは病気を早期に発見する行為である．毎年健康診断を受けていれば，病気を早い時点で見つけてもらえるだけで，病気にならないわけではない．健康診断を受ける前に，すでに病気になっていて，それを早い時点で見つけてもらう手段が「健康診断」なのである．一般化すると健康診断は「異常の早期発見」行為である．もちろん，最悪事態は防いでくれるので必要ではあるが，病気にならないわけではない．

では「病気予防」「健康維持」するための有効な手段は何だろうか．それは「毎日ジョギングをする」ことであったり，「食生活に気をつける」ことではないだろうか．これらの行為を一般化すると，「正常の持続努力」である．

上記のことから，正しくは，

・「病気予防のために，毎日ジョギングをすることにした」
・「健康維持のために，食生活に気をつけることにした」
・「病気の早期発見のために，毎年健康診断を受けることにした」

となる．つまり，**予防とは「異常の早期発見」ではなくて「正常の持続努力」**である．

この定義は失敗学の考えにも大いに役立つ．失敗学の目的は，「再発防止」のみならず「未然防止」である．言い換えるならば「予防」が目的である．よって具体的な手段・対策には「正常の持続努力」が望ましい．

もう一度御社で行っている活動を見直してほしい．予防と言っているのに，対策は「チェックリストのオンパレード」になっていないか．チェックリストは「異常の早期発見」手段なのである．チェックリストに引っかかったときはすでに異常が発生している．しかもチェックリストはいつかすり抜けるのだ．

「異常の早期発見」では物足りないのだ．本書で何度も「発生源を絶つ」と表現してきたのは「正常の持続努力」という意味である．全部の行動をマニュアル化して，社員全員がロボット作業をして済めばいいが，そうはいかないのである．社内の行動にはマニュアルがある行動のほうが少ないのだ．

特に想定外のことに関しては絶対にマニュアルはない．マニュアルがないことに関して正常を持続させるには，失敗行動のスタート地点で気づくのが最善の策である．失敗行動をする前にもっている考えは動機だけである．結果論を語っていては絶対に予防はできない，動機の言葉でワナに気づくしかない．

例えば,「今回は流用設計だから……これをあーして，こーして……」「あっ，今俺，流用設計って思っちゃったよ！そうだ，変更点を探そう」という具合に，流用設計のワナを知っていればできるのである．しかも，事例を知っているだけでは済まない．想定外なのだから一般化された言葉でなければ気づけるわけがない．

このように「ワナを明確にし，全員で共有して，二度とハマらないようにする」この活動をしなければ想定外は止まらない．

読者のみなさんの会社では未然防止するために「チェックリスト的な考え」で活動を展開してないだろうか．もしそうだとするならば，本著で述べた考え・ポイントをもとに活動を見直すべきである．

ほら，論理は言葉で構成され，言葉は概念を表し，概念は行動となって現れた．「予防」という言葉のことを考えただけで，明日からみなさんが立てる対策の中身が変わる可能性があるのだ．ぜひ，言葉突っ込みで論理性のトレーニングを今日から始めてほしい．

ちなみに，前章で述べた言葉の論理性，本章で述べたトレーニングの方法などを，筆者は日本科学技術連盟(日科技連)にて，「論理的伝達力マスターセミナー」という名前で開講している．その正体は，国語に名を借りた論理性育成セミナーである．もしチャンスがあれば受講してほしい ^^；

参考文献

[1] 小倉仁志：『なぜなぜ分析 徹底活用術—「なぜ?」から始まる職場の改善』，JIPMソリューション，1997年.

[2] 産業能率大学：「問題解決デザイン技術における問題解決手法 51.特性要因図」，産業能率大学総合研究所HP，
http://www.hj.sanno.ac.jp/cp/page/13329（2017年10月23日最終確認）

[3] 信頼性技術叢書編集委員会 監修，益田昭彦，高橋正弘，本田陽弘 著：『新FMEA技法』，日科技連出版社，2012年.

[4] 信頼性技法実践講座「FMEA・FTA」運営小委員会 著：『信頼性技法実践講座：FMEA・FTA』テキスト，日本科学技術連盟，2017年.

おわりに

この本に書いた知識を作り上げていく過程において，三菱重工業株式会社（以下 MHI と略す）グループの寄与は大きかった．MHI グループで頻繁に事例分析をさせていただいたこと，その推進役になってくれた本社や各事業所のコアメンバーの人たちの考察，事例検討会に参加してくれた方々の意見，そこでの議論などのすべてがこの本を書くうえでの参考になっている．この場を借りて御礼申し上げます．その素晴らしき会社が，閉塞した日本にまた新たな産業を芽生えさせようとしている．ロケット産業や航空機産業である．民間だけで打ち上げるロケットや，MRJ という国産初のジェット旅客機である．特にエンジンまで作るようになれば航空機産業の裾野は広い．今から 100 年後には今の自動車と並ぶか，あるいはそれを上回る規模の産業が日本に根付いているかもしれない．日本の未来を設計している会社にも見える．MHI グループはこれまでも日本の歴史の節目で大きな貢献をしてきた．まさに恰好いい男前の会社である．これからも応援したい，頑張れ日本代表，三菱重工！

1980 年代から 1990 年代にかけて，日本は品質で世界のトップに躍り出た．世界中が日本製品の品質はダントツだと認めたのである．日本の産業界の設計・製造・検査・品質保証の努力のたまものである．特に品質保証部の「影の成果」による貢献は大きかったと筆者は考えている．

一方，活躍したにもかかわらず，品質保証部というのは実に気の毒な部署である．なぜならば，不具合事象が起これば叱られるが，不具合事象が起こらなくても誰も褒めてくれない．減点はあるが加点がないのである．起こらなかったありがたみは誰にもわからないからである．ある部品で不具合事象が起こった後，その部品に関して解決した設計部は褒められるが，他の部品で何も起こしていない品質保証部は褒めてもらえない，何もしていないように見えるのである．実は 1 つの製品の中で，うまくいっている部分のほうが多いのである．起こった後に解決した人より，実は起こさなかった人のほうがはるかに偉いのである．例えば，新製品を出荷して10年間，1件もクレームがなかったとしたら，これは腰を抜かすほど素晴らしいことである．おそらく出荷する前に品質保証部は並々ならぬ努力をしたはずである．ところが，このありがたみは，会社幹部もわからないのである．だから，先ほど「影の成果」と表現した．

失敗学の成果も同様である．失敗学を導入してクレームや不具合事象が徐々に減っていっても，その変化には気づかないからありがたみはわからないのである．つまり，起こった後の問題解決の成果は表現しやすいが，起こらなかった成果は表現できないのである．

品質保証部も失敗学もこの「起こらない」，つまり未然防止を狙っているのである．したがって，仮にみなさんの会社が失敗学を導入して成功したとしても，品質保証部や失敗学の成果は表現できない．表現できないことが一番の成果なのである．

会社の幹部の方にお願いしたい．表現できなくても品質保証部は我慢して走り続けているのだ．その努力を評価してあげてほしい．実際に世界No.1にまで登り詰めたのだから，並大抵の努力ではなかったことは容易に想像できる．そして今でもその日本品質は落ちてはいない．日本品質のレベルが維持されていることは幹部の方もご存じであろう．

一方，今後も品質だけで勝てるとはおそらく誰も思わないだろう．新しいビジネスモデルも必要であろう．考え方のシフトも必要であろう．「だから，品質の時代は終わった」と言う人がいるが，それは言い過ぎである．いくら画期的なビジネスモデルを発案しても，その製品やサービスの質が悪ければ話にならない．さらに，ビジネスモデルはすぐに真似されるが，地道な努力が必要な品質は真似されにくいのだ．これだけは大きな声で言える！「**品質はどうでもよいという時代は，今後もやってこない！**」これからも品質や品質保証部は主役の一部であり続けるのだ．頑張れ，品証！筆者は品質保証部を応援する．

“いい会社創ろうぜ！”

2017年12月1日

濱口哲也

索　引

【た行】

【な行】

【は行】

著者紹介

濱口哲也（はまぐち　てつや）

株式会社濱口企画　代表取締役．1960 年生まれ．1986 年，日立製作所中央研究所入社，磁気ディスク装置の研究・開発・設計に従事．1998 年，東京大学博士(工学)．2002 年，東京大学大学院工学系研究科産業機械工学専攻助教授．2007 年，同大学同専攻社会連携講座特任教授．2015 年，株式会社濱口企画　代表取締役，2018 年 3 月，東京大学を退職　現在に至る．

著書に『実際の設計－機械設計の考え方と方法－』(共著，日刊工業新聞社,1988 年)，『情報機器技術』（共著，東京大学出版会，1993 年)，『実際の情報機器技術』（共著，日刊工業新聞社, 1998 年)，『創造設計の技法－東大創造設計演習に学ぶ設計の奥義－』（共著，日科技連出版社，2008 年)，『品質月間テキスト No.368　失敗学のエッセンス－品質保証のリスクマネジメントへの活用－』（品質月間委員会，2009 年)，『失敗学と創造学－守りから攻めの品質保証へ』（日科技連出版社，2009 年)，『新編 JIS 機械製図第 5 版』（共著，森北出版，2014 年)，『メカトロニクス電子回路』（共著，コロナ社，2014 年)，『続・実際の設計 改訂新版 機械設計に必要な知識とモデル（実際の設計選書）』（共著，日刊工業新聞社，2017 年)などがある．

平山貴之（ひらやま　たかゆき）

一般財団法人日本科学技術連盟　品質経営研修センター　営業・企画グループ　係長．1985年生まれ．2008年，日本科学技術連盟入職，研修開発課（現 営業・企画グループ）に配属，オンサイトセミナー（出張セミナー）の営業・企画・提案・運営・管理業務に従事．2014年，研修開発課主任　現在に至る．

失敗学 実践編
－今までの原因分析と対策は間違っていた！－

2017年12月30日　第１刷発行
2025年 2月 3日　第12刷発行

著　者　濱 口 哲 也
　　　　平 山 貴 之
発行人　戸 羽 節 文

検印省略

発行所　株式会社 日科技連出版社
〒151-0051　東京都渋谷区千駄ヶ谷 1-7-4
渡貫ビル
電話　03-6457-7875

Printed in Japan　印刷・製本　㈱金精社

ISBN 978-4-8171-9599-9
URL http://www.juse-p.co.jp/